FORMEL 1

FOTOS UND GESCHICHTEN DER GESCHWINDIGKEITSCHAMPIONS

Texte von
ROBERTO GURIAN

whitestar

8

Inhalt

Vorhergehende Doppelseite Alberto Ascari (1949) auf seinem Ferrari 125 F1 in Silverstone. Der italienische Pilot war zweifacher Weltmeister und der einzige Rivale, den Juan Manuel Fangio wirklich fürchtete.

Einführung

Manch einer bezeichnete sie als »Ritter auf Rädern« – furchtlose Helden, die ihr Dasein jedes Mal aufs Spiel setzten, wenn sie sich hinters Steuer klemmten, mit dem einzigen Ziel, so schnell wie irgend möglich zu fahren und zu siegen. Nur wenige Sportarten sind faszinierender als der Rennsport und seine Fahrer, und das gilt auch heute noch, trotz der auf ein Mindestmaß verringerten Risiken und dadurch – zum Glück – sehr seltenen Unfälle mit schwerwiegenden Folgen.

In der Zeit nach dem Zweiten Weltkrieg verglichen manche Engländer Rennfahrer oft mit den Helden der Royal Air Force, die in ihre Spitfires stiegen, um die deutschen Bomber aufzuhalten in jener Luftschlacht, die als Schlacht um England in die Geschichtsbücher einging. Das führte aber dazu, dass ein Teil der englischen Presse Jackie Stewart und Jochen Rindt für deren Kampagne zur Förderung der Sicherheit im Motorsport in den späten 1960er-Jahren kritisierte. So gingen einige davon aus, dass der Risikofaktor dazu beitrage, die Besten herauszufiltern, indem er ihnen im Vergleich zu den anderen einen Vorteil verschaffe. Leider erfolgte diese Auswahl zum Preis von mindestens zehn tödlichen Unfällen pro Saison in allen Kategorien des Automobilsports.

Es ist also nicht überraschend, dass viele der Hauptfiguren unseres Buches nicht mehr unter uns weilen. Und dass nicht wenige derer, die von uns gegangen sind, auch tatsächlich durch einen Unfall ihr Leben ließen. Weder der Tod noch dessen Umstände und genauso wenig die Anzahl der erreichten Erfolge der Fahrer im Lauf ihrer Karriere sollten die Aufnahmekriterien für unsere engere Auswahl sein. Innerhalb des weiten Umfelds all derer, die Rennen fahren und dabei ihr Leben aufs Spiel setzen, haben wir jenen den Vorzug gegeben, die das größte menschliche Format besitzen – mit manchmal schier unglaublichen Geschichten wie jene von Alfonso de Portago, dem spanischen Adelsspross, der ein fast märchenhaftes Leben führte, inmitten von schönen Frauen, Pferden, Bobs und schnellen Rennwagen. Natürlich haben wir auch die Champions der Gegenwart nicht außer Acht gelassen, aber umso weiter man in der Zeit zurückgeht, desto mehr Persönlichkeiten von großem Format und mit spannender Vita spürt man auf. David Purley zum Beispiel, der nur ein paar Rennen in der Formel 3 gewann, aber dennoch beweisen konnte, dass er ein wahrer Held war. So haben wir ihm den Vorzug gegeben im Vergleich zu einigen anderen, die zwar Champions wurden, aber mit einer viel weniger interessanten Geschichte und weniger menschlicher Größe aufwarten können. Vielleicht ist es auch verwunderlich, dass wir von Piers Courage erzählen wollen, der ein Zeugnis darüber abgibt, wie hoch der Preis sein kann, den man zahlt, um seiner Leidenschaft nachzugehen, und zwar nicht nur, indem man auf ein komfortables Leben in gesicherten Verhältnissen verzichtet.

Auch außerhalb der Formel 1, die es in der Vorkriegszeit noch gar nicht gab, haben wir all diejenigen nicht vergessen, die als die größten Champions ihrer Epoche angesehen wurden. In diesem Zusammenhang sind die Geschichten von Bernd Rosemeyer und Tazio Nuvolari ganz außergewöhnlich. Sie waren mutig und verfügten über das einzigartige Talent, die Herzen der Menschen zu erobern. Rosemeyer hinterließ trotz seiner nur kurzen Karriere über drei Saisons einen unauslöschlichen Eindruck in der Geschichte des Automobilsports. Nuvolari hingegen durchlebte eine lange Karriere, oft am Rande des Abgrunds in schier unmöglichen Unterfangen, mit schweren Unfällen, von denen er sich jedes Mal wie durch ein Wunder erholte. Ein Champion, dem das Leben tiefe Wunden zufügte und der trotzdem die Kraft hatte, auch sein letztes Rennen seiner Klasse anlässlich der Palermo–Monte Pellegrino 1950 zu gewinnen. Und der mehr als zwei Jahre später ganz gegen seinen Willen im Bett verstarb.

Schon allein aus Platzgründen konnten wir nicht alle Persönlichkeiten berücksichtigen, die unsere Beachtung verdient hätten. Trotzdem glauben wir, eine Auswahl getroffen zu haben, die das weite Feld der Rennfahrer würdig vertritt. Hinter den Persönlichkeiten stehen Geschichten, die, wie schon gesagt, manchmal unglaublich, aber in jedem Fall bedeutungsvoll sind. Die Biografien handeln jedoch nicht nur von denjenigen, die im Licht der Öffentlichkeit stehen, weil sie das Glück hatten, am Motorsport teilnehmen zu können. Zum Beispiel »Williams«, mit vollem Namen William Grover-Williams, der erste Sieger des Grand Prix von Monaco im Jahr 1929 in einem Bugatti, der während des Zweiten Weltkriegs Mitglied des französischen Widerstands wurde und in einem deutschen Konzentrationslager sein Leben lassen musste. Zusammen mit ihm haben die zahlreichen, manchmal unbekannten Rennfahrer ganze Seiten an faszinierenden Geschichten geschrieben und – zum Glück – auch einige nicht ganz so tragische. Wir möchten Sie einladen, anhand unserer Biografien tiefer in das Thema einzusteigen und vielleicht der Leidenschaft zu folgen, die seit jeher die Antriebsfeder fast aller Rennfahrer ist – egal ob Champion oder nicht. Eine Leidenschaft, die uns persönlich immer begleitet hat.

Folgende Doppelseite Mit seinen sieben Weltmeistertiteln ist Michael Schumacher der erfolgreichste Rennfahrer der Formel 1. Er stieg ganze 91 Mal auf das höchste Treppchen.

POTENZA
BRIDGESTONE
Shell
BRIDGESTONE
vodafone
FIAT
1
Shell
BRIDGESTONE

FIAT
vodafone

Hier grüßt Tazio Nuvolari die Zuschauermenge mit dem Vanderbilt Cup in der Hand, den er Ende Oktober 1936 in New York gewann.

TAZIO NUVOLARI

Mythos, Held, Legende ... Wie oft sind diese hochtrabenden Bezeichnungen verwendet worden, obwohl es im Grunde genommen nur um »ganz normale« Champions ging? Wenn es in der Geschichte des Automobilsports wahre Helden gab, dann war Tazio Nuvolari definitiv einer von ihnen. Und mit Sicherheit ist es keinem anderen Rennfahrer gelungen, die Vorstellungskraft der Menschen so sehr zu übertreffen, wie dem kleinen Mantuaner Piloten aus Castel d'Ario, das sich heute Casteldario schreibt und auf dessen zentralem Platz ein Monument diesen großen Champion ehrt. Zu jener Zeit gab es noch kein Fernsehen und dies trug dazu bei, Persönlichkeiten und deren große Taten noch größer zu machen. So auch bei Nuvolari, der das Lieblingskind seiner Zeit und eines Regimes war, das seine Helden verherrlichte und deren Kühnheit und Mut ganz besonders hervorhob.

Aber es besteht auch kein Zweifel daran, dass Tazio Nuvolari in der Lage war, Unmögliches zu vollbringen, dank seiner Fähigkeiten und seiner Courage, die Enzo Ferrari als schier unmenschlich beschrieb. Die schönste Perle fügte er seiner langen Kette aus Erfolgen 1935 beim Großen Preis von Deutschland am Nürburgring hinzu. Er, der Kurven als »Ressourcen« bezeichnete, hatte mehr als 160 davon zur Verfügung, auf der fast 23 Kilometer langen Rennstrecke, die als eine der schwierigsten der Welt galt. Doch er saß nur am Steuer eines Alfa Romeo P3 mit seinen 330 PS im Vergleich zu den Schwadronen von Mercedes-Benz- und Auto-Union-Rennwagen, deren Piloten über 455 beziehungsweise 375 Pferdestärken verfügen konnten. Die Gastgeber hatten die Möglichkeit, dass ihnen der Sieg eines der Ihren unter den Augen von Adolf Hitler genommen werden könnte, nicht einmal in Betracht gezogen. Unaufhaltsam konnte Nuvolari seine Kontrahenten bis zur letzten Runde unter Druck setzen, als Manfred von Brauchitsch, der Baron von Mercedes, langsamer werden musste, weil seine Reifen beim Versuch, dem Aufholmanöver Nuvolaris zu widerstehen, den Geist aufgaben. Bei der Siegerehrung war nicht einmal die Schallplatte mit der italienischen Nationalhymne vorhanden, aber Nuvolari hatte sie vorsorglich von zu Hause mitgebracht. Er war sich sicher, selbst aus der Höhle des Löwen unbesiegt herauszukommen. An jenem Tag wurde ihm in Deutschland die Bezeichnung »Der Teufel« verpasst. In Italien nannte man ihn den »fliegenden Mantuaner« oder auch liebevoll »Nivola«.

Von fast jedermann verehrt, stand er in heftiger Rivalität zu Achille Varzi, einem weiteren großen italienischen Champion, der dem aggressiven Fahrstil Nuvolaris eine saubere und elegante Fahrweise entgegensetzte. Noch vor Coppi und Bartali waren es diese beiden, die die erhitzten Diskussionen zwischen den Fans auf den Plätzen und in den Kaffeebars in Italien weiter entfachten. Der Sieg bei der Mille Miglia im Jahr 1930, bei dem Nuvolari, vielleicht regelwidrig, wie manche meinten, die Scheinwerfer ausgeschaltet hatte, um den Zwillings-Alfa-Romeo von Varzi im Dunkeln zu überholen und ihn auf der Zielgeraden zu foppen, ging in die Geschichte ein. Als Sohn einer wohlhabenden Landwirtsfamilie begann Tazio als Motorradrennfahrer. Oft konnten ihn nicht einmal die zahlreichen Unfälle daran hindern, zu gewinnen, wie

28
10

1925 beim Großen Preis der Nationen, als er im Regen und mit Pflastern und Binden umwickelt das Rennen gewann. Nach einem weiteren Motorradunfall triumphierte er 1929 bei der Coppa Ciano, als er das Rennen in einem Gipskorsett bestritt. Im Lauf der Jahre gewann er zahlreiche Rennen mit Alfa Romeo unter der Rennleitung von Enzo Ferrari. Darunter die Tourist Trophy, die Targa Florio, das 24-Stunden-Rennen von Le Mans sowie die Großen Preise von Monaco, Frankreich und Italien. Nur die Übermacht der deutschen Rennwagen hinderte ihn daran, all die weiteren Siege einzusammeln, die ihm möglich gewesen wären.

Im Privatleben hatte Nuvolari alles andere als Glück, trotz seines Wohlstands und seiner Berühmtheit. Der Tod der beiden Söhne, Alberto, 1937, und Giorgio, einige Jahre später, ummantelte sein Leben mit Trauer. Man sagte, er habe nur noch eine einzige Befürchtung gehabt: die, in seinem Bett zu sterben.

Links Monte Carlo 1933: Der Alfa Romeo des Mantuaner Champions fährt an der Tribüne vorbei, vor dem Bugatti von Achille Varzi, seinem größten Rivalen in vielen Jahren seiner Karriere.

Oben Nuvolari stachelt die Mechaniker während des Tankvorgangs beim Großen Preis von Deutschland 1935 an, den er dank einer seiner beeindruckendsten Leistungen gewinnen konnte.

TAZIO NUVOLARI   CASTEL D'ARIO 16.11.1892; MANTUA 11.8.1953

WICHTIGSTE SIEGE   1927: GP ROM, CIRCUITO DEL GARDA; 1930: MILLE MIGLIA, TOURIST TROPHY; 1931: TARGA FLORIO, COPPA CIANO; 1932: TARGA FLORIO, COPPA CIANO, COPPA ACERBO; 1933: EIFEL-RENNEN, 24 STUNDEN VON LE MANS, COPPA CIANO, TOURIST TROPHY; 1935: GP PAU, GP DEUTSCHLAND, COPPA CIANO, GP NIZZA; 1936: GP PENYA RHIN, GP UNGARN, CIRCUITO MILANO, COPPA CIANO, CIRCUITO DI MODENA, VANDERBILT CUP; 1937: CIRCUITO DI MILANO; 1938: GP ITALIEN, GP DONINGTON; 1939: GP JUGOSLAWIEN; 1946: GP ALBI.

1938 wurde der mittlerweile 45-jährige Nuvolari von der Auto Union gebeten, den bei einem Rekordversuch tragisch ums Leben gekommenen Bernd Rosemeyer zu ersetzen. Hinter dem Steuer eines sehr leistungsstarken und schwer zu kontrollierenden Typ D erstaunte der Mantuaner wieder einmal alle, als er den Großen Preis von Italien und den von England gewann. 1939 war er nochmals Erster in Belgrad, beim letzten internationalen Rennen vor Kriegsausbruch. Nachdem Nuvolari schon viele Jahre Rennen gefahren war und dementsprechend viele Abgase eingeatmet hatte, erkrankte er schwer an der Lunge. Gleich nach Kriegsende kehrte er trotzdem auf die Rennstrecken zurück und siegte 1946 in Albi auf Maserati, wo er direkt nach der Zieleinfahrt zusammenbrach. 1947 war er dabei, mit Cisitalia die Mille Miglia zu gewinnen, und wurde nur durch ein Elektronik-Problem davon abgehalten. Sein Abschied von der Mille Miglia im darauffolgenden Jahr war berührend, nach einem Rennen, in welchem er sich am Steuer seines Ferrari 166 behauptet hatte und das sein letzter magischer Auftritt sein sollte. Durch den Bruch der Aufhängung entging ihm im Alter von 55 Jahren ein grandioser Sieg, bei einem fulminanten Rennen, das sämtliche Widersacher in Schwindel versetzte und das Publikum begeisterte. Am Ende konnte ihn nur die Krankheit besiegen, der er am 11. August 1953 mit knapp 61 Jahren erlag.

Oben 1938 wurde Nuvolari von der Auto Union engagiert. Mit diesem Wagen siegte er 1938 in Donington, in Monza und 1939 in Belgrad.

Rechts Der Start zum Großen Preis von Belgien 1930. Nuvolari startete als Letzter mit seinem Maserati, um vor dem Bugatti von Achille Varzi zu siegen.

BERND ROSEMEYER

Er konnte nur drei Jahre lang an internationalen Rennen teilnehmen, aber das reichte, um Bernd Rosemeyer als einen der größten Rennfahrer aller Zeiten unsterblich zu machen. Als stärkster Rivale, mit dem Tazio Nuvolari sich jemals messen musste, erbrachte der deutsche Champion denkwürdige Leistungen am Steuer eines widerspenstigen und nur schwer beherrschbaren Automobils, wie es der Auto-Union war. Sein Name ist eng verbunden mit der Marke des Autoherstellers, der ihn zusammen mit anderen Rennfahrern im Winter 1934/1935 am Nürburgring Probe fahren ließ und daraufhin engagierte. In den Jahren zuvor war Bernd ausschließlich Motorradrennen gefahren, aber er konnte sofort die Zeiten von Hans Stuck, dem erfahrensten Piloten des Teams, einholen. Der von dem genialen Ferdinand Porsche entwickelte Grand-Prix-Monoposto war in vielerlei Hinsicht revolutionär. Er hatte einen 16-Zylinder-Mittelmotor, Einzelradaufhängung und eine aerodynamische Form. Mit seinen fünf Litern Hubraum brachte er eine Leistung von 375 PS. Es war nicht einfach, den Wagen bis an seine Grenzen zu steuern, auch wegen der schmalen Reifen, der enormen Kraft und der ungewöhnlichen Gewichtsverteilung.

Mut und Aufgeschlossenheit waren die Markenzeichen von Rosemeyer, der 1909 im niedersächsischen Lingen geboren wurde. Er fuhr bei Autorennen direkt in die Spitzenpositionen und ließ sich durch keine noch so große Aufgabe einschüchtern. Schon beim zweiten Rennen auf dem Nürburgring kämpfte er um den ersten Platz, gegen den Mercedes von Rudolf Caracciola, der bis zu seinem Ende sein Freund und Rivale bleiben sollte. Bernd hatte ein so freundliches Wesen, dass er bei allen beliebt war, selbst bei seinen Gegnern. Das einer Kaperfahrt gleichende Rennen auf dem Nürburgring mit dem spektakulär ausbrechenden Heck des Wagens, den er immer wieder unter Kontrolle bringen konnte, brachte ihm den Ruf des festen Titelanwärters ein, zusammen mit Stuck und Varzi. Während der Coppa Acerbo in Pescara musste er nach einem Zweikampf mit Nuvolari die Reifen wechseln und flog von der Straße, nachdem seine Bremsen während der Aufholjagd blockierten. Doch er kämpfte sich auf die Fahrbahn zurück und landete nach einem mit voller Geschwindigkeit durchfahrenen Engpass zwischen einer Brücke und einem Telefonmast auf dem zweiten Platz, knapp hinter Varzi. Am Ende des Rennens maß Porsche den Abstand aus, den Rosemeyer durchfahren hatte, und stellte fest, dass dieser nur vier Zentimeter breiter als der Monoposto war! Zu Jahresende holte sich Rosemeyer seinen ersten Sieg beim Großen Preis der Tschechoslowakei, obwohl es erst das neunte Autorennen für ihn war.

In der Zwischenzeit lernte er Elly Beinhorn kennen, eine Fliegerin, die in Deutschland zu jener Zeit viel berühmter war als er. Wenige Monate später heirateten Bernd und Elly am 13. Juli 1936, ein Datum, für das beide ihre Glückszahl gewählt hatten. 1936 war das glorreichste Jahr für den deutschen Champion. Der Hubraum des Auto-Union-Wagens war von fünf auf sechs Liter vergrößert worden, wodurch die Leistung von 375 auf 520 PS gesteigert werden konnte. Rosemeyer hatte somit keine Rivalen bei der Europameisterschaft, die mit vier Großen Preisen ausgetragen wurde, wovon er drei gewann und weitere Trophäen auf Rennstrecken und bei Bergrennen hinzufügen konnte. 1937 brachte Mercedes den praktisch unbesiegbaren W 125 heraus,

Rosemeyer feiert seinen Sieg beim Vanderbilt Cup des Jahres 1937 auf dem Podium. Leider sollte es einer der letzten Erfolge des Rennfahrers der Auto Union sein.

BERND ROSEMEYER — *LINGEN (EMS) 14.10.1909*
MÖRFELDEN-WALLDORF 28.1.1938

WICHTIGSTE SIEGE — *1935: GP TSCHECHOSLOWAKEI;*
1936: EIFELRENNEN, GP DEUTSCHLAND, COPPA ACERBO, GP SCHWEIZ, GP ITALIEN;
1937: VANDERBILT CUP, EIFELRENNEN, COPPA ACERBO, GP DONINGTON.

Ferdinand Porsche spricht mit Bernd Rosemeyer an Bord seines Rekordwagens, mit dem er im Oktober 1937 diverse Geschwindigkeitsrekorde aufgestellt hatte.

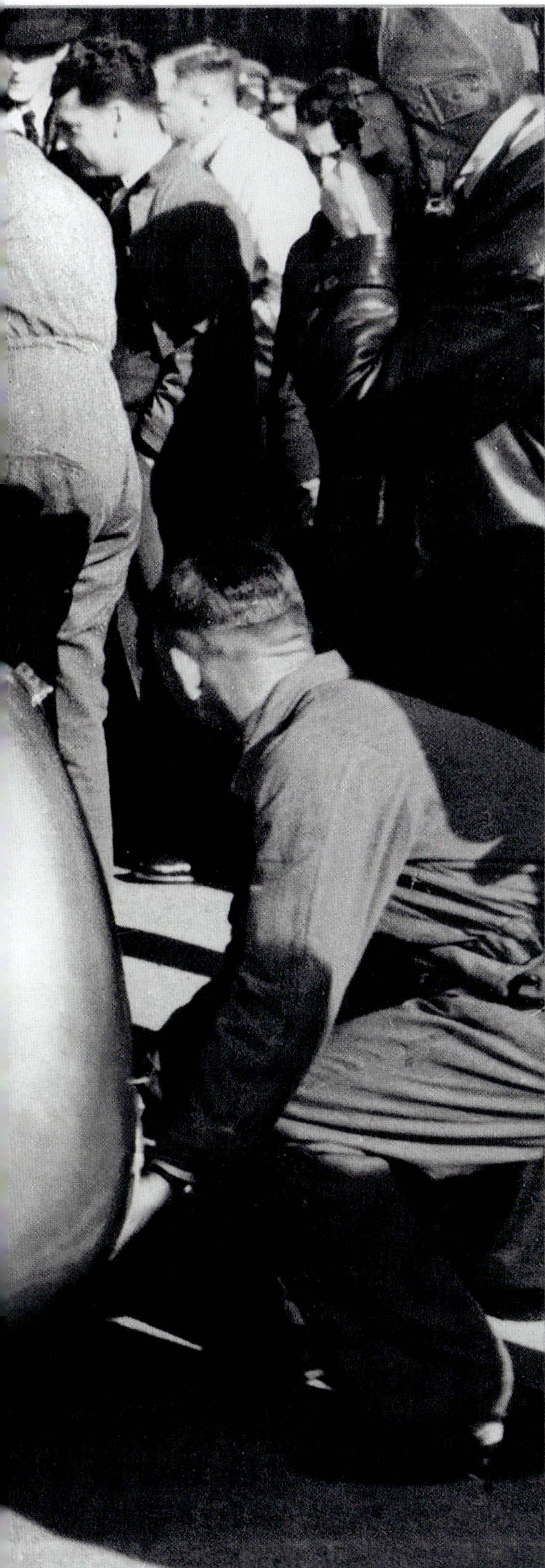

aber der Champion der Auto-Union konnte trotzdem das Eifelrennen am Nürburgring, die Coppa Acerbo in Pescara und den Vanderbilt-Preis in den Vereinigten Staaten gewinnen. Im Oktober desselben Jahres stellte Bernd einige Geschwindigkeitsrekorde auf der Autobahn zwischen Frankfurt und Darmstadt auf, in einem Rennen, bei dem sich Auto-Union und Mercedes gegenüberstanden – und natürlich er und Caracciola. Im Oktober noch geschlagen, veränderten die Stuttgarter ihr Fahrzeug, um es am 27. Januar 1938 erneut zu versuchen. An diesem Tag gelang Caracciola der neue Geschwindigkeitsrekord auf festem Boden mit einer Höchstgeschwindigkeit von 432,7 km/h. Eineinhalb Stunden später schoben die Mechaniker der Auto-Union ihr überarbeitetes Fahrzeug auf die Strecke, das aber nicht mehr von Porsche, sondern von der Entwicklungsabteilung unter der Leitung von Robert Eberan von Eberhorst verändert worden war. Es war leicht windig auf der Strecke und Caracciola hatte seinen Freund vom Fahren abhalten wollen. Beim zweiten Versuch, während dem Rosemeyer sicher über 440 km/h schnell fuhr, kam der Auto-Union von der Fahrbahn ab, wegen einer Windböe, die den Wagen nach der Abzweigung von Mörfelden-Walldorf erfasste. Die zertrümmerten Einzelteile des Wagens flogen bis zu 600 Meter weit. Man fand den leblosen Körper Rosemeyers am Waldrand an einer Stelle, an der heute ein Gedenkstein zu seinen Ehren angebracht ist. Caracciola hatte einmal über ihn gesagt: »Bernd kennt keine Angst, und das ist manchmal schlecht.« So ging ein großer Champion von uns, der auch seinen kleinen Sohn hinterließ, Bernd junior, der erst zweieinhalb Monate zuvor auf die Welt gekommen war.

Oben Rosemeyer mit Zigarette in der Hand, verewigt zusammen mit Ernst von Delius (links) und Nino Farina auf dem Roosevelt Raceway beim Vanderbilt Cup.

NINO FARINA

Der erste Weltmeister der Formel 1 wurde praktisch mit dem Lenkrad in der Hand geboren. Giuseppe Farina, von allen nur »Nino« gerufen, war das Kind einer wohlhabenden Familie aus Turin und lernte schon im Alter von zehn Jahren das Autofahren. Dieser Umstand ist nicht erstaunlich, denn um 1915 musste der Führerschein für die nur wenigen Menschen vorbehaltenen Automobile erst noch eingeführt werden. Ninos Vater Giovanni war Unternehmer in der metallverarbeitenden Branche und Bruder des berühmten »Pinin«, der eines Tages Namensgeber einer berühmten Karosseriefirma werden sollte – »Pininfarina«.

Bevor er anfing, Autorennen zu fahren, erwarb Nino Farina sein Universitätsdiplom, um Rechtsanwalt zu werden. Parallel dazu hatte er sich während des Militärdienstes als fähiger Kavallerieoffizier ausgezeichnet. Ninos Leidenschaft für Rennen hatte die Oberhand über zwei mögliche prestigeträchtige Karrieren gewonnen, doch musste er bis zum Alter von 25 Jahren warten, bis er 1932 beim Bergrennen Aosta–Gran San Bernardo debütieren konnte. Dort fuhr er mutig bis an die Grenze zum Leichtsinn und landete beim Versuch, seinen mit einem ähnlichen Alfa Romeo fahrenden Vater zu schlagen, außerhalb der Strecke, brach sich das Schlüsselbein und zog sich weitere Verletzungen aller Art zu. Es war der Beginn einer von Unfällen begleiteten Karriere, trotz seines Fahrstils, den jeder in puncto Genauigkeit und Kontrolle über den Wagen als beispielhaft erachtete. Im Gegensatz zu seinen Kollegen hielt er das Steuer mit gerade ausgestreckten Armen, ohne es auch nur einen Zentimeter zu viel zu bewegen, während es bei den anderen Fahrern schien, als müssten sie gegen ihre Wagen ankämpfen. Im alltäglichen Leben war er manchmal rüde und als Pilot ein erbitterter Gegner, der schwer zu überholen war und vor dem man sich nur mit Schwierigkeiten verteidigen konnte. Als er 1934 in den Startreihen der bedeutenden Rennen angekommen war, gelang es ihm, die Sympathie des großen Tazio Nuvolari zu wecken. 1936 trat Farina in die Scuderia Ferrari ein, die bekanntermaßen mit Wagen der Marke Alfa Romeo fuhr. Sein Ruf als hartgesottener Fahrer festigte sich von Rennen zu Rennen, leider auch wegen zwei Unfällen, bei denen die jeweiligen Rivalen ums Leben kamen. 1937 siegte er in Posillipo, in einer Zeit, die durch die deutschen Silberpfeile beherrscht wurde, und konnte eine Serie an Erfolgen erringen, die ihm bis einschließlich 1939 den italienischen Meistertitel brachten. 1940 gewann er den Großen Preis von Tripolis mit dem Alfa Romeo 158, kurz bevor ihm der Krieg die besten Jahre seiner Karriere nehmen sollte.

Nach Kriegsende sah man ihn wieder am Steuer, trotz seiner mehr als 40 Jahre und der Ehe mit Elsa Giaretto, einer Dame aus der gehobenen Turiner Gesellschaft. Nach optimalen Leistungen und schönen Siegen mit Alfa Romeo und Maserati in Europa und in Südamerika wurde Farina von Alfa Romeo engagiert, um an der ersten Formel-1-Weltmeisterschaft teilzunehmen. Nachdem er zusammen mit Nuvolari gefahren war, wurde er Teamkollege von Luigi Fagioli und einem gewissen Juan Manuel Fangio. Mit drei Siegen in Silverstone, Bern und vor allem in Monza ge-

Der erste Formel-1-Weltmeister der Geschichte siegte 1950 in Silverstone, Bern und Monza, bevor er auf Alfa Romeo die Titellorbeeren holte.

NINO FARINA — *TURIN 30.10.1906* / *CHAMBÉRY 30.6.1966*

BESTRITTENE GP	*33*
F-1-SIEGE	*5*
POLEPOSITIONS	*5*
F-1-WELTMEISTER	*1950*

Die Ziellinie beim ersten Formel-1-Grand Prix der Geschichte, jenem von Großbritannien in Silverstone 1950. Es war Farina, der dort auf einem Alfa Romeo 158 siegte.

lang es Farina, Fangio zu überragen, der damals als der größte Champion galt. Im darauffolgenden Jahr musste sich Farina dann jedoch der Überlegenheit von Fangio geschlagen geben, der mit Alfa Romeo den ersten seiner fünf Weltmeistertitel einfuhr. Nach dem Rückzug des Mailänder Hauses wurde er von Ferrari engagiert, die in den Jahren 1952 und 1953 das siegbringende Modell 500 F2 zur Hand hatten, das für die neuen Reglements präpariert worden war. Zu seinem Pech versperrte ihm ein anderer Champion den Weg: Alberto Ascari. Im ersten Jahr unternahm Farina alle Anstrengungen, um es mit dem jüngeren Teamkollegen aufzunehmen, wobei ihm auch einige Unfälle zu viel unterliefen, aber er konnte sich trotzdem als Vizeweltmeister platzieren. Das Jahr darauf begann extrem schlecht, als er beim Großen Preis von Argentinien versuchte, einem auf die Piste laufenden jungen Mann auszuweichen. Er landete in der Menschenmenge und sein Ferrari tötete zehn Zuschauer und verletzte 26, gemäß einer seinerzeit erstellten Bilanz. Seine Lage verbesserte sich im Laufe der Saison wieder, auch durch den Rückzug Ascaris am Nürburgring, der somit dem letzten Erfolg von Nino Farina in der Formel 1 den Weg freigab. Mit fast 47 Jahren ist er bis heute der

Farina hatte einen akkuraten und eleganten Fahrstil. Er hielt das Steuer mit ausgestreckten Armen und bewegte es nie mehr als notwendig.

älteste Pilot, der einen Grand Prix von Anfang bis Ende bestritten und gewonnen hat. 1954 blieb er bei Ferrari, allerdings hatte er zwei weitere schwere Unfälle: in Monza und bei einem Sportwagenrennen mit Ferrari Mondial, wo er sich schwere Verbrennungen an den Beinen zuzog. Als er 1955 in die Formel 1 zurückkehrte, hatte er Schmerzen und musste starke Medikamente einnehmen, um überhaupt fahren zu können. Aber er kämpfte und verteidigte sich wie immer wie ein Löwe und erreichte den dritten Platz beim Großen Preis von Belgien, nach wie vor auf Ferrari.

Am Ende der Saison trat er vom Rennsport zurück, versuchte aber trotzdem in den Jahren 1956 und 1957, sich für die 500 Meilen von Indianapolis zu qualifizieren, leider ohne Erfolg. Er zog sich daraufhin komplett zurück und wurde Vertragshändler für Alfa Romeo und Jaguar. Auf öffentlichen Straßen fuhr er jedoch weiterhin so wie zuvor auf den Rennstrecken. 1966 war er auf dem Weg nach Reims zum Großen Preis von Frankreich. In der Nähe von Chambéry prallte sein Lotus Cortina gegen einen Telegrafenmast. Nino Farina, der 60 Jahre alt geworden war, starb auf der Stelle.

JUAN MANUEL FANGIO

In Zivilkleidung hätte man ihn niemals für einen Rennfahrer gehalten. Und doch wird Juan Manuel Fangio einhellig als einer der größten aller Zeiten angesehen, einer, der in der Lage war, fünf Weltmeistertitel in nur sieben in der Formel 1 verbrachten Jahren zu erringen. Insgesamt hatte er an lediglich 51 Grands Prix teilgenommen, aber ganze 24 Mal gesiegt, am Steuer von Alfa Romeo, Mercedes, Ferrari und Maserati. Fangio debütierte im Alter von 39 Jahren in der Formel 1. Er war von eher kleinem Wuchs, hatte Geheimratsecken und einen Bauchansatz. Außerdem waren seine Beine ziemlich krumm, was ihm den Spitznamen »El Chueco«, der Krummbeinige, vonseiten der Gleichaltrigen, mit denen er in seiner Jugendzeit Fußball spielte, einbrachte. 1950 gewann er in Monte Carlo schon beim zweiten Rennen, doch entging ihm der höchste Titel nur knapp zugunsten von Nino Farina beim letzten Rennen der Saison. Man kann dies als bedauerlichen Zwischenfall betrachten, denn außer der Überlegenheit von Ascari und Ferrari in den Jahren 1952 und 1953 war Fangio praktisch unbesiegbar bis zu dem Moment, in welchem er seine Karriere beendete. Die anderen Piloten, vor allem die jüngeren, nannten ihn »Maestro«, wegen seines Talents und seiner unbestreitbaren Klasse. In den Jahren, in denen der Tod bei jedem Rennen hinter der nächsten Ecke lauerte, war Fangio stets in der Lage, die unvermeidbaren Risiken zu berechnen und unter Kontrolle zu halten. Vielleicht gelang es ihm deshalb nie, die Mille Miglia zu gewinnen, den Straßenmarathon, bei dem man improvisieren und vor allem über das gesunde Maß hinaus etwas riskieren musste – während der unendlichen und gefährlichen 1600 Kilometer, die auf geraden Strecken, Bergstraßen und in Städten gefahren wurden.

Fangio kam in Balcarce, Argentinien, als Kind einer italienischen Familie zur Welt, die aus den Abruzzen ausgewandert war, um sich in der kleinen Stadt südlich von Buenos Aires niederzulassen. Er hatte sich schon als Kind für Automobile begeistert und es gelang ihm, sich in zartem Alter, gleich nach Abschluss der Schule, als Mechaniker anheuern zu lassen. Mit zwölf Jahren saß er am Steuer der Wagen, die in die Werkstatt hinein- und hinausfuhren und erlernte die Grundlagen des Fahrens auf tückischen und nur selten asphaltierten Straßen. Die ersten Rennen fuhr er im Alter von 25 Jahren mit einem Ford A, der zuvor als Taxi verwendet worden war. Nachdem er später einen Chevrolet gekauft hatte, widmete Fangio sich mit Erfolg Marathon-Straßenrennen und erlangte bis zum Ausbruch des Zweiten Weltkrieges eine gewisse Berühmtheit in seinem Heimatland. 1948 landete er dank der Fördermittel der argentinischen Regierung unter Juan Peron in Europa, zusammen mit Oscar Galvez. Dort fuhr er Rennen mit Maserati und konnte auf sich aufmerksam machen, sodass er 1950 von Alfa Romeo engagiert wurde, zusammen mit Nino Farina und Luigi Fagioli. Bevor er aber in der Formel 1 debütieren konnte, musste er den schrecklichen Unfall verarbeiten, der bei einem Straßenrennen in Argentinien passiert war und seinen Freund und Beifahrer Daniel Urrutia das Leben gekostet hatte. Fangio war ein sehr sensibler Mensch, trotz seiner natürlichen Verschlossenheit, die ihn dazu brachte, als vielleicht erster Fahrer überhaupt, einen Manager zu suchen, den er in Gestalt des Italieners Marcello Giambertone fand. Er gab nur wenige Worte von sich, und das mit dem für ihn typischen metallischen Unterton, und zog es vor, Giambertone mit den

Juan Manuel Fangio gilt als einer der größten Rennfahrer aller Zeiten, und das nicht nur wegen seiner fünf Weltmeistertitel. Er gewann 24 der 51 Grands Prix, an denen er teilnahm.

JUAN MANUEL FANGIO *BALCARCE 24.6.1911*
BUENOS AIRES 17.7.1995

BESTRITTENE GP	*51*
F-1-SIEGE	*24*
POLEPOSITIONS	*29*
F-1-WELTMEISTER	*1951, 1954, 1955, 1956, 1957*

ES 1
MERCEDES 2
VIGZOL
START
1

Rennställen in Verhandlungen treten zu lassen. Zu den Rennen nahm er stets seine Gefährtin Andreina Berruet, kurz »Beba« genannt, mit, die er nie heiraten konnte, weil sie schon einmal verheiratet gewesen war.

1951 errang Fangio den ersten Weltmeistertitel, trotz der immer wettbewerbsfähiger werdenden Ferrari, die ihre ersten Grands Prix mit Gonzalez und Ascari gewannen. 1952 riskierte er seine Karriere wegen seines einzigen schweren Unfalls auf der Rennstrecke, in Monza bei einem Rennen außerhalb der Meisterschaft. Es hatte die ganze Nacht zuvor durchfahren müssen, auf dem Rückweg von Irland, wo er ein Rennen mit BRM gefahren war, nach Italien, und so kam es, dass er mit seinem Maserati in der zweiten Lesmo-Kurve in einen Unfall geriet und sich Verletzungen an der Wirbelsäule zuzog, die ihn die ganze Saison hindurch außer Gefecht setzten. 1953 war das Jahr von Ferraris Dominanz in der Formel 1, doch Fangio konnte trotzdem den Großen Preis von Italien auf Maserati gewinnen. Es folgten zwei triumphale Jahre mit Mercedes, wenn auch mit dem sehr schnellen und sich vordrängenden Teamkollegen Stirling Moss, bevor er bei Ferrari landete und den Weltmeistertitel auch im Jahr 1956 errang. 1957 kehrte er zu Maserati zurück und forderte Hawthorn und Collins heraus, die beiden englischen Topfahrer bei Ferrari. So manch einer dachte sich, dass auch für Fangio in seinem Alter von 46 Jahren der Moment gekommen sei, sich zurückzuziehen, aber der alte Champion war dank seiner immensen Klasse stark und gut vorbereitet. Er brachte Maserati an die Weltspitze zurück und gewann in Argentinien, Monte Carlo, Frankreich und Deutschland. Auf dem Nürburgring, der ein weiteres Mal schonungsloser Richter über das Können der Fahrer sein sollte, vollbrachte er eines seiner schönsten Kunststücke, als er 50 Sekunden auf Hawthorn und Collins aufholte, um dann das Rennen zu gewinnen, nachdem er die beim Qualifying erreichte Bestzeit um 8,2 Sekunden unterboten hatte. Fangio kehrte 1958 nochmals in die Formel 1 zurück, aber vielleicht war er selbst nicht mehr ganz davon überzeugt. Tatsächlich beschloss er nach dem Tod von Musso beim Großen Preis von Frankreich, definitiv zurückzutreten. Er kehrte nach Argentinien zurück und kümmerte sich um seine Geschäfte wie zum Beispiel seine Mercedes-Vertretung in Balcarce, bis er 1995 einem Nierenleiden erlag.

Links Juan Manuel Fangio dominierte die Weltmeisterschaft in zwei aufeinanderfolgenden Jahren mit dem Mercedes W196, auf den zeitweise eine aerodynamische Stromlinienkarosserie montiert wurde.
Oben Fangio (links mit der Nummer 2) startet beim Großen Preis von Monaco 1955 aus der ersten Reihe, zusammen mit Ascari auf Lancia und seinem Teamkollegen Moss auf Mercedes. Bei jenem Rennen schied der Argentinier aus.

ALBERTO ASCARI

Die Geschichte von Alberto Ascari – und vor allem sein Ende – waren eng verbunden mit fast unglaublichen Episoden aus dem Reich des Aberglaubens. Der Mailänder Rennfahrer, Weltmeister der Jahre 1952 und 1953 auf Ferrari, hasste Zahlen wie die 13 oder die 17, und wenn eine schwarze Katze vor ihm die Straße überqueren wollte, hielt er an und wartete, um jemand anderem den Vortritt zu lassen. Er verwendete stets und ausschließlich seine eigene Rennkleidung und den hellblauen Helm, die von niemand anderem außer ihm selbst berührt werden durften. Teilweise war dieser Aberglaube auf den Tod seines Vaters Antonio zurückzuführen, der ebenfalls Rennfahrer gewesen und am 26. Juli 1925 – einem Datum, das durch die gefürchtete Nummer 13 teilbar ist – bei einem Unfall in Monthléry ums Leben gekommen war.

Motoren übten eine unwiderstehliche Anziehungskraft auf Alberto aus, der sich erst für Motorräder begeisterte und 1936, mit nur 18 Jahren, bei einem Langstreckenrennen debütierte, bevor er Testfahrer und von der offiziellen Bianchi-Mannschaft engagiert wurde. Sein Automobildebüt geht auf das verkürzte Mille-Miglia-Rennen im Jahr 1940 zurück, bei dem er am Steuer des allerersten Ferrari der Geschichte saß, des Avio Costruzioni. Ascari hatte den Wagen mit dem Geld gekauft, das er mit seinem Fahrzeughandel erwirtschaftet hatte. Der Freundschaft zu Luigi Villoresi und dessen Bruder Emilio verdankte er die Bekanntschaft von Mietta, die er im Jahr 1942, inmitten des Krieges, heiratete und die ihm zwei Kinder schenkte: Antonio, auch »Tonino« gerufen, und Patrizia. Alberto kehrte im Jahr 1947 mit einem Cisitalia zum Rennsport zurück und wurde daraufhin von Maserati engagiert. Im Januar 1949 hatte er in Argentinien einen Unfall und beschloss, zusammen mit Gigi Villoresi zu Ferrari zu wechseln, womit eine sehr erfolgreiche Arbeitsgemeinschaft begann. Noch vor den hervorragenden Saisons der Jahre 1952 und 1953, während derer er die Formel-1-Weltmeisterschaft dominierte, setzte er sich 1951 bei den Grands Prix in Deutschland und in Italien durch.

Wie Fangio, von dem man sagt, er habe unter seinen Konkurrenten nur Ascari gefürchtet, hatte auch Ascari keinen athletischen Körperbau, trotz einer vernünftigen Ernährungsweise und seiner ebenso dosierten sportlichen Aktivitäten. Als er zu einer bekannten Persönlichkeit geworden war, fand er sich auch mit dem Spitznamen »Ciccio«, das Dickerchen, behaftet, eben wegen seiner Konstitution. Er konnte sich nie damit anfreunden, aber unter den Fans war dieser Spitzname sehr geläufig. Alberto hatte ein Haus am Corso Sempione in Mailand, das er im Winter verließ, um einen Teil des Jahres in seinem anderen Haus in Santa Margherita Ligure zu verbringen. Er liebte das Skifahren und das Tontaubenschießen. Alberto war ein aufmerksamer und liebevoller Vater, der sehr darunter gelitten hatte, durch den Unfall des eigenen Vaters zum Waisen geworden und schon in sehr jungen Jahren in einem Internat gelandet zu sein. Seinen intimsten Freunden gestand er, dass er wegen des seinerzeit noch viel konkreteren Risikos eines tödlichen Unfalls Angst habe, seine Kinder könnten ihn zu sehr liebgewinnen.

Seine »Weihe« als Rennfahrer kam mit den Regeländerungen, dank welcher der Ferrari 500 F2 1952 und 1953 zum unschlagbaren Monoposto geworden war. Mit Ausnahme des 500-Meilen-Rennens in Indianapolis, an welchem er zwar teilnahm, aber aufgeben musste, gewann Ascari sämtliche zur Weltmeisterschaft zählenden Grands Prix des Jahres 1952, und auch im darauffolgenden Jahr

Alberto Ascari mit dem Lancia D50 beim Großen Preis von Valentino 1955. Er gewann das nicht zur Weltmeisterschaft zählende Rennen.

ALBERTO ASCARI — *MAILAND 13.7.1918* / *MONZA 26.5.1955*

BESTRITTENE GP	*32*
F-1-SIEGE	*13*
POLEPOSITIONS	*14*
F-1-WELTMEISTER	*1952, 1953*

siegte er wieder bei fünf von acht Rennen. 1954 wurde er von Lancia engagiert, um mit dem wunderschönen D50 zu fahren, der dann aber nicht rechtzeitig fertig wurde. So fuhr er die Rennen sporadisch mit Maserati und tröstete sich auf Lancia mit dem Gewinn der Mille Miglia, bevor er in Monza zu Ferrari zurückkehrte, um sich wieder vor allen anderen an die Spitze zu setzen. Das, was ein denkwürdiger Erfolg hatte werden sollen, verpuffte sieben Runden vor dem Ende des Rennens. Das Debüt mit Lancia in der Formel 1 zu Jahresende brachte zwar die Poleposition, aber auch ein Ausscheiden aus dem Rennen.

Es schien, als hätte Alberto Ascari das Jahr 1955 besonders gefürchtet, zumal er nunmehr so alt war wie sein Vater zum Zeitpunkt des tödlichen Unfalls. Nach ein paar Siegen in nicht zur Weltmeisterschaft zählenden Rennen fand sich der Champion aus Mailand beim Großen Preis von Monte Carlo an der Spitze des Feldes wieder, aber er landete wegen eines blockierten Vorderrades in der Schikane und dann im Hafenwasser. Es war vielleicht mehr als nur ein Zufall, dass der Lancia die Nummer 26 trug. Man holte ihn wieder aus dem Wasser, mit nur leichten Prellungen und einer Verletzung an der Nase. Vier Tage darauf erhielt er einen Anruf von Eugenio Castellotti, der ihn zu Testfahrten seines Ferrari Sport in Vorbereitung auf die Trofeo Supercortemaggiore nach Monza einlud. Seltsamerweise wollte Ascari während der Mittagspause mit dem 750 Monza fahren, und zwar in Hemdsärmeln und mit einem Helm, den ihm Castellotti geliehen hatte. Niemand konnte sich erklären, warum Ascari etwas getan hatte, das ihm sein Aberglaube absolut verbot. Es war der 26. (wieder das Doppelte der Zahl 13!) Mai des Jahres 1955, als Alberto Ascari in der dritten Runde, während er anfing zu beschleunigen, in der Vialone-Kurve, die heute seinen Namen trägt, einem Unfall zum Opfer fiel. Niemand konnte sich jemals erklären, warum er von der Strecke abkam und starb, trotz vieler Hypothesen, die aufgestellt wurden: vom Nachgeben eines Differenzials über ein Reifenproblem bis hin zu einem Arbeiter, der möglicherweise die Strecke überquert hatte.

Oben Der Start in Monza 1953 mit dem Maserati von Fangio, der siegen sollte, in der Mitte zwischen Farina und dessen Teamkollegen Ascari, für den es der letzte Grand Prix mit Ferrari war.

Alberto Ascari triumphiert nach dem Sieg mit Ferrari beim Großen Preis von Italien 1951. Es war sein zweiter Erfolg und der Auftakt zu den Triumphen der folgenden Jahre.

STIRLING MOSS

Es herrscht die einhellige Meinung, und nicht nur auf englischer Seite, dass Stirling Moss der beste Rennfahrer ist, dem es aber nie gelang, den Weltmeistertitel in der Formel 1 zu gewinnen. Er kam 1929 in London zur Welt und hatte das Glück, in einem großbürgerlichen Palast mit angeschlossenem Park aufzuwachsen, in welchem er schon im zarten Alter von sechs Jahren anfing, mit einem Austin Seven herumzufahren. Genau diesen Wagen bewahrte er bis zu seinem Tod sorgsam in seinem Londoner Haus in Mayfair auf, das jahrzehntelang sein Geschäftssitz war. Sein Vater Alfred war Zahnarzt mit Erfahrungen als Rennfahrer und auch seine Mutter war Pilotin bei Langstreckenrennen und Rallyes. Sein erstes Geld aber verdienten Stirling und seine Schwester Pat mit Pferderennen. Pat, die später einmal den Rallye-Champion Erik Carlsson heiraten sollte, machte mit dem Pferdesport weiter, wohingegen Stirling mit Unterstützung der Familie begann, Rennen auf vier Rädern zu bestreiten. Sein erster Kauf war ein Cooper 500, mit dem er bei Berg- und Rundstreckenrennen debütierte. Er hatte schon als junger Mann den Ruf eines furchtlosen Fahrers, als er mit 21 Jahren auf einem privaten Jaguar XK120 die Tourist Trophy in Dundrod gewann und daraufhin von Jaguar als Fahrer für die Werksmannschaft verpflichtet wurde. In der Zwischenzeit wurde er von HMW ausgewählt, um in der Formel 1 Rennen zu fahren. Dort gelang es ihm, für Aufmerksamkeit zu sorgen, unabhängig von häufigen Ausfällen wegen des unzuverlässigen Fahrzeugs.

1951 hätte er für Ferrari fahren sollen und bedauerte es sehr, bei seiner Ankunft in Bari feststellen zu müssen, dass sein Wagen für Piero Taruffi bestimmt worden war. Er schwor sich, diesen Affront niemals zu vergessen. In jenem Jahr hatte er seine größte Genugtuung durch den zweiten Platz bei der Rallye in Monte Carlo mit einem Sunbeam, als Bestätigung seines vielseitigen Talents. Doch er hatte auch verstanden, dass er mit den englischen Wagen niemals konkurrenzfähig sein würde und so kaufte er sich mit der Unterstützung seines Vaters einen Maserati 250F, mit dem er auf den Rennstrecken der Weltmeisterschaft regelrecht flog. Die zahlreichen Ausfälle hinderten Mercedes nicht daran, ein Auge auf ihn zu werfen, um ihn 1955 neben dem großen Juan Manuel Fangio ins Team aufzunehmen. Kurz zuvor hatte der englische Champion die Mille Miglia mit der Tunneleinfahrt in Monte Carlo verglichen, bei der man für wenige Sekunden regelrecht ins Leere fliegt, nur dass dieses Gefühl im Fall des italienischen Straßenrennens auf 1600 Kilometern Länge anhielte. 1955 gewann er auf Mercedes mit einer Rekorddurchschnittsgeschwindigkeit von über 157 km/h, zusammen mit dem Journalisten Denis Jenkinson als Beifahrer, der gleichzeitig eine Art Roadbook studierte, um seinem Fahrer dabei zu helfen, die Geschwindigkeit und Fahrweise an die verschiedenen Schwierigkeiten anzupassen. Mit Mercedes und zusammen mit Fangio hätte er sich fast den Sieg beim 24-Stunden-Rennen in Le Mans gesichert, aber ihr Wagen und die anderen Wagen des Stuttgarter Hauses wurden frühmorgens um vier Uhr eingezogen, infolge des tragischen Unfalls von Levegh, dessen Mercedes am Nachmittag des Vortages über 80 Menschen in den Tod gerissen hatte. Zu Jahresende zog sich der deutsche Autohersteller von den Rennen zurück und zwang Moss damit zur

Der junge Stirling Moss feiert seinen Sieg mit dem Maserati 250F bei der ersten Ausgabe des Aintree-200-Rennens im Jahr 1954.

STIRLING MOSS — *LONDON 17.09.1929*
LONDON 12.04.2020

BESTRITTENE GP	*66*
F-1-SIEGE	*16*
POLEPOSITIONS	*16*

Rückkehr zu Maserati, aber dieses Mal in die offizielle Mannschaft. 1956 gewann er die Großen Preise von Monte Carlo und von Italien, wobei der Weltmeistertitel in jenem Jahr wieder einmal an Fangio ging.

Stirling Moss war mittlerweile zum Helden der britischen Presse geworden und führte das für die damaligen Fahrerkollegen klassische Dasein eines »Bonvivants«, eines Lebemannes. Er frönte nicht dem Laster des Alkohols, hatte aber viele Liebesabenteuer, bevor er 1957 Katie Molson heiratete, eine Kanadierin, deren Familie die gleichnamige Bierbrauerei besaß. Die Ehe dauerte nicht lange und war nur die erste des Champions, der ab 1980 glücklich mit seiner dritten Ehefrau Susie zusammenlebte. In jenem Jahr wechselte er zu Vanwall und verlor 1958 den Weltmeistertitel wegen eines einzigen Punktes an Mike Hawthorn und dessen Ferrari. Es war das vierte Mal, dass er Vizeweltmeister wurde. Seine Erfolgsserie bei den Grands Prix riss aber trotzdem nicht ab. Auch mit dem privaten Lotus des Teams von Rob Walker, dem er sich wegen des Rückzugs von Vanwall anschließen musste, setzte sich Stirling Moss bei mehr als nur einer Gelegenheit über die restliche Konkurrenz hinweg. An seinen Triumph im Jahr 1961 in Monte Carlo mit einem Lotus 18 erinnern sich seine Bewunderer besonders gern, aber der Engländer wurde auch auf dem Nürburgring, der schwierigsten aller Rennstrecken der Weltmeisterschaft, Erster. 1962, als Rob Walker zusammen mit Stirling eine Vereinbarung mit Ferrari getroffen hatte, um einen Monoposto aus Maranello in den Farben seines Rennstalls fahren zu lassen, traf das Schicksal eine endgültige Entscheidung. An Ostern prallte der Lotus von Moss in Goodwood gegen einen Erdwall. Er konnte erst nach 30 Minuten aus dem Fahrzeugwrack herausgezogen werden und erlangte erst nach 35 Tagen das Bewusstsein wieder, aber die physischen Schäden, die er erlitten hatte, hinderten ihn daran, jemals wieder Rennen zu fahren. Er wurde im Jahr 2000 in den Adelsstand des Vereinigten Königreichs erhoben und so bleibt Sir Stirling Moss eine der wichtigsten Persönlichkeiten in der Geschichte des Automobilsports.

Links Ein nachdenklicher Moss in den Boxen in Monza beim Großen Preis von Italien 1954. Der Wagen ist sein privater Maserati 250F.

Oben Der Start beim Großen Preis von Großbritannien in Aintree 1955. Moss kommt vor Fangio vom Start weg und gewinnt das Rennen vor seinem Teamkollegen.

ALFONSO DE PORTAGO

Mehr als an seine Rennfahrerkarriere und die errungenen Siege erinnert man sich an den märchenhaften Lebensstil, den Alfonso de Portago während seines nur kurzen Daseins führte. Er war ein Erbe der Granden von Spanien und Neffe von König Alfonso XII. De Portagos beeindruckender Visitenkarte konnte man seinen kompletten Namen entnehmen: Alfonso Antonio Vicente Eduardo Angel Blas Francisco de Borja Cabeza de Vaca y Leighton, Carvajal y Are, XI. Marqués de Portago, XIII. Conde de la Mejorada. Sein Vater starb sehr jung während eines Polospiels und Alfonso, Sohn von Olga Leighton, einer schönen irischen Dame, hatte genügend Zeit, sich all seinen Lieblingsaktivitäten zu widmen. Er verbrachte den Großteil seiner Kindheit und Jugend in Biarritz, wo er neben Spanisch und Englisch auch noch sehr schnell Französisch und Italienisch lernte. Mit enormen Reichtümern im Rücken begeisterte er sich schon in jungen Jahren für Flugzeuge. Mit nur 17 Jahren wurde ihm der in Amerika erworbene Flugschein wieder abgenommen, weil er aufgrund einer Wette in Palm Beach, Kalifornien, unter einer Eisenbahnbrücke durchgeflogen war. Er hatte zwar seinen Flugschein verloren, aber, waghalsig wie er war, dennoch die Wette mit einem Einsatz in Höhe von 500 Dollar gewonnen.

Mit 20 war er schon mit einem amerikanischen Fotomodell verheiratet, Carroll McDaniel, und wurde Vater von zwei Kindern. Das Eheleben war vielleicht nicht das Richtige für jemanden wie ihn, der daran gewöhnt war, in der ganzen Welt unterwegs zu sein, ohne sich allzu viele Gedanken zu machen. Er ließ sich nie scheiden, hatte aber dennoch viele außereheliche Liebesbeziehungen, die auch durch seinen stattlichen Körperbau, seine Größe, seine schwarzen Haare, die hellen Augen und das ihm eigene sympathische Wesen begünstigt wurden. De Portago war das perfekte Beispiel eines reichen und attraktiven Playboys der 1950er-Jahre, dem die Frauen nur schwer ein Nein entgegenbringen konnten. Er reiste vornehmlich ohne Gepäck in der ganzen Welt umher, hatte aber stets ein dickes Bündel Geldscheine dabei, mit dem er sich alles Notwendige besorgte. Zum Autorennen kam er durch Edmund Nelson, einen Zimmernachbarn im Plaza Hotel in New York, wo er sich für gewöhnlich aufhielt, wenn er in der amerikanischen Metropole unterwegs war. Dort lernte er auch Luigi Chinetti kennen, den Ferrari-Importeur für Amerika, der ihn 1953 als seinen Beifahrer zur Carrera Panamericana mitnahm. Die weiteren Schritte machte er allein, indem er zuerst einen Ferrari 250 Mille Miglia kaufte und sich daraufhin mit Harry Schell zusammentat, einem amerikanischen Rennfahrer, der in Paris lebte und Alfonso die Grundregeln des Rennfahrens beibrachte. In der Welt der Autorennen gab man ihm fälschlicherweise seinen Titel »Marquis« als Nachnamen, wahrscheinlich als Anerkennung seiner adeligen Abstammung. Für seine näheren Bekannten und die Weggefährten vieler Abenteuer war er einfach »Fon«. Mit Schell konnte er die ersten bedeutenden Platzierungen bei Sportwagenrennen in Buenos Aires und Sebring erreichen. 1955 saß er schon am Steuer eines von ihm gekauften Formel-1-Ferrari, brach sich aber bei einem Rennen in Silverstone das Bein. Der Unfall ließ ihn vollkommen unbeeindruckt und so begann er gegen Ende der Saison, wieder Rennen zu fahren. Im Winter gründete er eine Bob-Mannschaft für die Olympischen Winterspiele in Cortina d'Ampezzo. Am Start des Zweierbobrennens präsentierte er sich als Unbekannter und errang sogar den vierten Platz.

1956 wurde de Portago vom offiziellen Ferrari-Team engagiert, zusammen mit Champions wie Fangio, Collins, Musso und Castellotti. Theoretisch hätte er nur mit den Sportwagen fahren sollen, aber er fand sich auch in der Formel 1 wieder, mit dem Erfolgserlebnis des zweiten Platzes beim Großen Preis von Großbritannien in Silverstone, zusammen mit Collins, dem er beim Fahrerwechsel den Wagen überließ. Am Jahresende gewann er die Tour de France mit einem Ferrari 250 GT zusammen mit seinem Freund Nelson. »Fon« war nunmehr zum international bekannten Fahrer aufgestiegen und stand kurz vor der mit großen Hoffnungen verbundenen Saison 1957. Verwegen wie immer, hatte er direkt nach dem Unfall im Jahr 1955 erklärt, dass er noch vor seinem 35. Geburtstag zum Formel-1-Weltmeister gekürt werden würde. Beim ersten Grand Prix des Jahres wurde er Fünfter auf Ferrari und landete beim 1000-Kilometer-Rennen auf derselben Strecke in Buenos Aires auf dem dritten Platz, zusammen mit Peter Collins. Nach einem Flirt mit dem berühmten Fotomodell Dorian Leigh eroberte de Portago das Herz der amerikanischen Schauspielerin Linda Christian, die sich gerade erst von Tyrone Power getrennt hatte. Im Mai kam der Zeitpunkt der Mille Miglia, dem gefährlichen italienischen Straßenrennen, an dem Alfonso eigentlich nicht teilnehmen wollte. Ferrari hatte ihm zuerst einen für das Rennen modifizierten 250 GT als Fahrzeug vorgeschlagen, setzte ihn dann aber auf dem Sportwagenmodell 335S ein. »Fon« fuhr im Team mit dem treuen Edmund Nelson und sie kamen kurz vor elf Uhr zum Tankstopp in Rom an. Auch Linda Christian wartete dort auf ihn und sie küssten sich leidenschaftlich, wie aus historischen Fotos ersichtlich ist. De Portago und Nelson befanden sich beim letzten Tankstopp in Bologna an fünfter Position und hatten Dreiviertel der Rennstrecke zurückgelegt. Der linke Vorderreifen war ungewöhnlich stark abgefahren, weil er am Kotflügel geschliffen hatte. Das Fahrerpaar wurde gefragt, ob es den Reifen wechseln wolle, aber de Portago wies dies zurück, um keine wertvolle Zeit zu verlieren und weil er befürchtete, von Gendebien, der mit dem eigentlich für ihn bestimmten 250 GT fuhr, überholt zu werden. In Guidizzolo, nur 50 km vor dem Ziel, nahm das Verhängnis seinen Lauf. Wahrscheinlich aufgrund des Platzens dieses einen Reifens brach der Ferrari auf vollkommen gerader Strecke bei einer Geschwindigkeit von 250 km/h aus, prallte gegen einen Telegrafenmast und landete inmitten einer Zuschauergruppe. Neun Menschen kamen ums Leben, darunter fünf Kinder. »Fon« und Nelson starben auf der Stelle in dem so tragischen Unfall, der das Ende der viel zu gefährlich gewordenen Mille Miglia besiegelte.

Alfonso de Portago, ein Spross des spanischen Hochadels, war eine einzigartige Persönlichkeit in der Geschichte des Automobilsports und zugleich ein sehr fähiger Allroundsportler.

ALFONSO DE PORTAGO *LONDON 11.10.1928*
GUIDIZZOLO 12.5.1957

BESTRITTENE GP *5*

MIKE HAWTHORN

Der erste englische Formel-1-Weltmeister war ein ganz eigener Mensch, der oft und gern den Satz wiederholte: »Das Leben ist kurz.« Mike Hawthorn sagte dies, um sich für seinen ausgeprägten Hang zum Vergnügen zu entschuldigen, der ihn schon seit seiner Jugend begleitete und manchmal über die Grenzen des Erlaubten hinausging. Er war der Sohn eines Werkstattbesitzers aus Farnham, in der Grafschaft Surrey, und fühlte sich früh dazu berufen, Rennfahrer zu werden, infolge der Arbeitseinsätze seines Vaters auf dem Brooklands-Kurs, zu denen er ihn begleitete. Schon als kleiner Junge verbrachte er viel Zeit in der »Tourist Trophy Garage« seines Vaters Leslie. Als Schüler war er nicht sonderlich brillant und so durfte er 1950 im Alter von nur 21 Jahren mit der Unterstützung seiner Eltern bei Autorennen debütieren. Nur zwei Saisons später, im Jahr 1952, war er schon mit dem ersten Monoposto, einem Cooper-Bristol der Formel 2, auf den Rennstrecken unterwegs und konnte auf sich aufmerksam machen, als er auf nasser Strecke den Ferrari von Gigi Villoresi attackierte. Der Mailänder Pilot sprach mit Ferrari über den jungen Engländer, der in der Zwischenzeit bereits vom offiziellen Team von Jaguar kontaktiert worden war.

Nach weniger als zwei Jahren im Rennsport debütierte Hawthorn in der Formel 1 mit einem Cooper-Bristol beim Großen Preis von Belgien und erreichte den vierten Platz. Im darauffolgenden Rennen in England in Silverstone landete er hinter Ascari und Taruffi auf dem Siegerpodest. 1953 wurde er in die offizielle Mannschaft von Ferrari aufgenommen, mit Ascari, Villoresi und Farina als Teamkollegen. Die erste bedeutende Etappe seiner steil nach oben gerichteten Karriere war der Sieg beim Großen Preis von Frankreich in Reims, den er mit nur 24 Jahren vor dem Maserati des großen Juan Manuel Fangio errang. Einige Tiefpunkte stellten sich im folgenden Jahr ein, mit einem schweren Unfall in Syrakus, bei dem Hawthorn sich Verbrennungen zuzog, und vor allem mit dem tödlichen Autounfall seines Vaters. Im Jahr 1954 zwang ihn die Überlegenheit der deutschen Rennwagen zu einer anstrengenden Aufholjagd in der Formel 1, die nur zum Teil mit dem Sieg beim letzten Grand Prix der Saison, dem Großen Preis von Spanien, belohnt wurde.

Mike Hawthorn war 1,88 Meter groß, blond, hatte eine laute Stimme und gab sich deshalb schon aus der Ferne zu erkennen. Beim Rennen trug er einen Helm mit Visier und seine über alles geliebte Fliege oder eine gebundene Krawatte unter der Rennjacke. In England hatte sich eine Rivalität entwickelt zwischen ihm und Stirling Moss, den man als einen der ersten echten Profis der Renngeschichte bezeichnen kann. Moss ging sogar so weit, komplett auf Alkohol zu verzichten, wusste sich aber trotzdem zwischen den Rennen zu vergnügen. Hawthorn hingegen liebte den Exzess, und es wäre ihm sicherlich gelungen, ein paar Rennen mehr zu gewinnen, wenn er einen gesünderen Lebensstil gepflegt hätte. Am Ende des Jahres 1954, nach seiner Entscheidung, wieder in die Heimat zurückzukehren, um in der Formel 1 mit Vanwall und in der Sportwagenkategorie mit Jaguar zu fahren, begannen sich ernsthafte gesundheitliche Probleme bei ihm zu entwickeln. Die Ärzte stellten fest, dass er unter einer Nierendeformation litt, und operierten ihn, um Entzündungen zu unter-

Mike Hawthorn im Cockpit seines Ferrari in den Boxen in Monte Carlo 1957. Er liebte Automobile, das schöne Leben und Exzesse aller Art.

MIKE HAWTHORN *MEXBOROUGH 10.4.1929*
GUILDFORD 22.1.1959

BESTRITTENE GP	*45*
F-1-SIEGE	*3*
POLEPOSITIONS	*4*
F-1-WELTMEISTER	*1958*

Der Sieger Mike Hawthorn und der Zweitplatzierte Stirling Moss am Ende des Großen Preises von Frankreich in Reims 1958, bei dem leider Luigi Musso das Leben verlor.

binden und Nierensteine zu entfernen, die sich durch schmerzhafte Koliken äußerten. Das Schlimmste sollte aber noch kommen: Während er sich in Le Mans ein Duell mit Fangio lieferte, bremste er plötzlich seinen Jaguar ab, um in die Boxen einzufahren, und löste den tragischsten Unfall der Automobilgeschichte aus. Der nachfolgende Pierre Levegh landete daraufhin mitten in der Zuschauermenge und dabei kamen mehr als 80 Menschen ums Leben. Der anschließende Sieg von Hawthorn zusammen mit Ivor Bueb führte zu weiterer scharfer Kritik, weil die beiden trotz des schrecklichen Unglücks ihren Sieg auf dem Podest feierten. 1955 und 1956 können als die schwersten Jahre des Engländers bezeichnet werden, als er wegen des Unfalls unter Anklage gestellt worden war und nur wenige gute Ergebnisse erreichen konnte. Außerdem kam er zweimal auf erschreckende Weise von der Piste ab, in Goodwood mit einem BRM und in Oulton Park mit einem Lotus. Noch einige Male fiel Hawthorn der Müdigkeit zum Opfer und hatte weiterhin physische Probleme, die nicht nur auf seinen Hang zum ausschweifenden Leben zurückzuführen waren.

1957 kehrte er zu Ferrari zurück, mit Castellotti, Musso und Peter Collins als Teamkollegen. Zwischen Mike und Collins entwickelte sich eine tiefe Freundschaft und die beiden begannen, miteinander auf Reisen zu gehen, oft in Begleitung von Louise, der Frau von Peter. Trotz einiger guter Platzierungen ergaben sich in jener Saison nur wenige zufriedenstellende Erfolge, mit dem herben Rückschlag, auf dem Nürburgring von Fangio nach

Der Start beim Großen Preis von Posillipo 1957 mit den Ferrari von Musso, Collins und Hawthorn in der ersten Startreihe. Sie sollten auch in der tragischen Saison 1958 Teamkollegen sein.

dessen geglückter Aufholjagd geschlagen worden zu sein. Der Weltmeistertitel kam dann im Jahr 1958 auf dem Höhepunkt einer ansonsten tragischen Saison. Hawthorn errang seinen einzigen Sieg am Tag des tödlichen Unfalls von Luigi Musso, der mit ihm in Reims um den ersten Platz beim Großen Preis von Frankreich gekämpft hatte. Die schreckliche Saison des Jahres 1958 sollte Hawthorn einen weiteren schweren Schlag zufügen, und zwar mit dem Tod von Peter Collins, der am Nürburgring direkt vor ihm von der Piste abkam und sein Leben verlor. Das für den Titelgewinn entscheidende Rennen in Marokko war zugleich das letzte Rennen, bei dem Hawthorn ein zweiter Platz genügt hätte, um vor Stirling Moss Weltmeister zu werden, trotz der drei Siege des Rivalen im Vergleich zu dem einzigen Sieg auf seiner Seite. Und es sollte tatsächlich genau so kommen: Moss landete auf dem ersten und Hawthorn auf dem zweiten Platz in einem Rennen, das wieder durch einen schweren Unfall gekennzeichnet war, in dessen Folge Stuart Lewis-Evans nach sechs Tagen seinen schweren Verbrennungen erlag. Hawthorn kündigte im Alter von 30 Jahren seinen Rücktritt an, widmete den Weltmeistertitel seinem Vater Leslie und plante seine Hochzeit mit dem Fotomodell Jean Howarth. Wahrscheinlich wusste er es nicht, aber seine Nierenkrankheit hätte ihm eine Lebenserwartung von nicht mehr als anderthalb Jahren gelassen. Am 22. Januar 1959 befand er sich auf der Heimfahrt nach einem Empfang, als er in der Nähe von Guildford mit seinem Jaguar plötzlich von der Straße abkam. Er starb wie sein Vater auf der Stelle.

EUGENIO CASTELLOTTI

Automobile lagen Eugenio Castellotti, dem Sohn eines Anwalts aus Lodi, der als mehrfacher Landgutbesitzer ein großes Vermögen anhäufen konnte, im Blut. Er fing als Kind an, mit Modellautos zu spielen, und konnte schon sehr früh problemlos mit echten Fahrzeugen auf den ausgedehnten Ländereien des Vaters herumkurven. Direkt nach seinem 18. Geburtstag legte er die Führerscheinprüfung ab und bekam einen Ferrari 166 Mille Miglia Spider geschenkt, mit dem er die Strecke zwischen Lodi und Mailand in Rekordzeit zurücklegte, auch begünstigt durch das damals recht geringe Verkehrsaufkommen und die nächtlichen Fahrtzeiten. Das Fahren mit hohen Geschwindigkeiten wurde schnell zu seiner großen Leidenschaft. Castellotti war erst 19 Jahre alt, als sein Vater Ende 1949 starb. Jeglicher Pflicht entbunden zögerte er nicht lange und begab sich in den Dunstkreis der echten Autorennen. 1951 debütierte er mit seinem 166 MM beim Giro di Sicilia und kam dort mehrmals von der Piste ab, sodass er letztendlich ausschied. Man sah ihn bei der Mille Miglia wieder, wo er sich als Sechster der Kategorie platzieren konnte. Die ersten Siege erreichte er 1952 mit einem Ferrari 225S, den er sich für jene Saison selbst geschenkt hatte. Castellotti wurde auch Mitglied der Scuderia Guastalla und verkehrte nun mit berühmten Piloten wie Alberto Ascari und dem nie von dessen Seite weichenden Gigi Villoresi. Bei der Mille Miglia hielt er zur Überraschung aller die zweite Position, bevor er von der Strecke abkam, weil der sportliche Kampfgeist mit ihm durchgegangen war. Er tröstete sich aber mit dem zweiten Platz in Monte Carlo und zwei Siegen in Porto und Senigallia mit dem Ferrari 225S.

Lancia hatte Gefallen an Eugenio gefunden und 1953 wurde er vom Turiner Team engagiert, das ihn bei der Carrera Panamericana, der mexikanischen Etappenversion der extrem gefährlichen Mille Miglia, debütieren ließ. Mit einem älteren Fahrzeug als dem von Fangio und Taruffi konnte er sich dennoch auf dem dritten Rang platzieren. Im Jahr darauf war Castellotti in einer Mannschaft mit Alberto Ascari, den er verehrte und als eine Art großen Bruder ansah. Er sammelte Erfolge vor allem bei Bergrennen, aber auch Erfahrungen mit Sportwagen und hatte Kontakte zu Rennfahrern wie Ascari und Fangio. 1955 unternahm er doppelte Anstrengungen – mit Lancia und dem wunderschönen D50 in der Formel 1 sowie mit Ferrari und deren Sportwagen. Bei der Mille Miglia hatte er einen Reifenschaden und schied bei dem Versuch aus, den Mercedes von Moss und Jenkinson zu schlagen, der das Rennen mit Rekordzeit gewann. In Monte Carlo landete Ascari mit seinem Lancia im Hafenwasser und Castellotti beendete das Rennen auf dem zweiten Platz. Vier Tage später übergab er in Monza seinen Ferrari an Ascari, der ihn gebeten hatte, den Wagen in der Mittagspause testen zu dürfen. Eugenio konnte seinem großen Vorbild die Bitte nicht abschlagen, mit der Folge, dass Ascari von der Piste abkam und starb. Es war ein sehr schwerer Schlag für Castellotti, der sich die Schuld an dem Unglück gab, weil er Ascari den Wagen überlassen hatte. Lancia beschloss, sich vom Rennen zurückzuziehen, und Eugenio präsentierte sich beim Großen Preis von Belgien als Privatier, wo es ihm gelang, auf gleicher Höhe wie Fangio und Moss von Mercedes mitzukämpfen. Als Ferrari das Erbe der Monopostos von Lancia antrat, fand sich auch der Pilot aus Lodi in der Formel 1 wieder, mit den Farben des Hauses aus Maranello.

Zu Beginn des Jahres 1956 fühlte er sich nunmehr bereit für einen Qualitätssprung, aber Ferrari stellte Fangio und auch den aufstrebenden Musso ein und nahm Eugenio von Anfang an jede Hoffnung auf den Platz als erster Fahrer. Der argentinische Champion wollte ihn aber als Beifahrer während der Langstreckenrennen und dies schmeichelte Castellotti, der in ihm einen »Maestro« sah und ihn auch so betitelte. Zusammen gewannen sie in Sebring und daraufhin triumphierte Eugenio allein auf nasser Strecke bei der Mille Miglia. An jenem Tag flog sein Ferrari 290 MM regelrecht und arbeitete Vorsprünge heraus, die jedermann beeindruckten und ihn in ganz Italien zu einer Berühmtheit werden ließen. Er liebte es, sich elegant zu kleiden, und war sicherlich attraktiv, von seinen finanziellen Möglichkeiten ganz zu schweigen. Im Sommer lernte er Delia Scala kennen, eine Schauspielerin, die ihrerseits sehr populär war, und verliebte sich auf den ersten Blick in sie. Sie hatte gerade erst eine Scheidung hinter sich gebracht und ihrer Mutter Angela missfiel die neue Beziehung mit Eugenio, der schon eine recht hohe Anzahl an Freundinnen und Verlobten angesammelt hatte. Zwischen den Höhen und Tiefen der folgenden Rennen, darunter auch ein erschreckender Dreher wegen eines Reifenschadens in Monza, bat Castellotti Delia um ihre Hand, aber sie akzeptierte nicht sofort. Ihre Liebschaft landete in der Presse und war auch in der Rennfahrerwelt der damaligen Zeit in aller Munde.

Das darauffolgende Jahr 1957 begann für Castellotti mit dem Ausscheiden beim Großen Preis von Argentinien in der Formel 1. Doch gleich darauf folgte ein Sieg auf dem Ferrari-Sportwagen, zusammen mit Perdisa, beim 1000-km-Rennen, das auf derselben Strecke in Buenos Aires ausgetragen wurde. Es war Anfang März, als Delia Scala in Florenz in einer Komödie auf der Bühne stand und Eugenio regelmäßig zwischen der toskanischen Hauptstadt und Modena pendelte, wo er die Ferrari testen musste. Am

13. März wurde der Streckenrekord von Jean Behra auf Maserati gebrochen, zur großen Verärgerung von Enzo Ferrari, dem diese Bestzeit und das innerstädtische Derby mit der dreigezackten Marke besonders wichtig waren. Am Tag darauf befand sich Castellotti am Steuer des D50 auf der Strecke, um den Streckenrekord wieder nach Hause zu bringen. Kurz nach 17 Uhr kam der Ferrari in der S-Kurve nach der Zielgeraden von der Piste ab. Eugenio wurde aus dem Cockpit geschleudert und erlag noch im Notfallwagen, der ihn ins Krankenhaus bringen sollte, seinen schweren Verletzungen. Man sprach über einen Reifenschaden als Auslöser und einige böse Zungen behaupteten gar, dass er sich durch die schwierige Beziehung zu Delia Scala in schlechter Verfassung befunden hätte. Am Ende gelang es aber niemandem, die wahre Unfallursache herauszufinden.

Castellotti auf dem Lancia, mit dem er in die Saison 1955 einstieg. Der Unfall Ascaris führte zum Rückzug des Teams und Eugenio wechselte zusammen mit den D50 zu Ferrari.

EUGENIO CASTELLOTTI *LODI 10.10.1930*
MODENA 14.3.1957

BESTRITTENE GP *14*
POLEPOSITIONS *1*

PETER COLLINS

Wie Moss und Hawthorn, so wurde auch Peter Collins auf klassische Art und durch den Einfluss der Umgebung, in welcher er aufwuchs, zum Rennfahrer. Sein Vater Pat war Automobilhändler in Worcestershire, mit einem florierenden Geschäft in Mustow Green, in der Nähe von Kidderminster. Peter war erst 15 Jahre alt, als er seinen Vater überzeugen konnte, mit ihm zusammen auf einem Aston Martin an der Rallye von Blackpool teilzunehmen. Collins kam 1931 zur Welt und schon mit 17 Jahren erwarb er den Führerschein, um im Frühjahr 1949 mit einem Cooper 500 auf der Rennstrecke mitzufahren und so erbitterte Gegner wie Stirling Moss herauszufordern. Er verfügte über ein unbestreitbares Naturtalent und sammelte 1951 eine ganze Reihe an Erfolgen ein, die ihn als sehr vielversprechenden Rennfahrer auswiesen. Seine große Klasse beim Fahren glich einen gewissen Mangel in der Vorbereitung der Wagen wieder aus. Schon in jenen Jahren lernte er außerdem, keine übermäßigen Risiken einzugehen, denn er hatte zwei gute Freunde bei Automobilrennen verloren.

Außerhalb des Cockpits der Rennwagen war er ein gut aussehender junger Mann, den man für einen Filmschauspieler halten konnte. Er hatte eine wohlerzogene Art und ausgezeichnete Manieren, sodass er Aston Martin und HMW überzeugen konnte, ihn deren Wagen testen zu lassen, um letztendlich im Jahr 1952 von beiden engagiert zu werden. In jenem Jahr gelang ihm der wunderschöne Sieg beim 9-Stunden-Sportwagenrennen von Goodwood auf dem Aston Martin DB3, zusammen mit Pat Griffith. Auf den Formel-1-Wagen von HMW hingegen war Moss sein Teamkollege. Um dem

Wehrdienst zu entgehen und stattdessen weiter Rennen fahren zu können, zog Peter 1953 nach Paris und gewann die schwierige Tourist Trophy, nach wie vor auf dem Aston Martin und mit Griffith als Beifahrer.

Seine Karriere ging mit Vanwall weiter, die ihn 1954 auf einem grünen Ferrari fahren ließen, der auf den Namen »Thinwall Special« umgetauft worden war. Der Wagen hatte 400 Pferdestärken und war schwer zu fahren, aber Collins siegte dennoch auf nasser Strecke in Goodwood und Snetterton. Nachdem er 1955 auch für BRM gefahren war, wurde er von Maserati für den Großen Preis von Italien in Monza engagiert, wo er aber ausschied, nicht ohne die Verantwortlichen von Aston Martin zu verärgern, die ihn daraufhin gehen ließen. So fuhr er mit Mercedes bei der Targa Florio zusammen mit Stirling Moss, und es gelang ihnen ein achtbarer Sieg.

Auf Anraten von Mike Hawthorn, der nunmehr sein brüderlicher Freund geworden war, ließ er sich 1956 von Ferrari engagieren. Er war dort im Team mit Musso, Castellotti, Gendebien, de Portago und vor allem Fangio, dem er in Monte Carlo und daraufhin beim entscheidenden Großen Preis von Italien den Wagen überließ. Obwohl Collins in Monza die entfernte Möglichkeit des Titelgewinns hatte, gehorchte er ganz im Gegensatz zu Musso den Anordnungen von oben, dem argentinischen Champion seinen Wagen zu überlassen, und zeigte somit eine großzügige Geste, die in die Geschichte eingegangen ist. In der Zwischenzeit hatte sich endlich der erste Erfolg in der Formel 1 beim Großen Preis von Belgien eingestellt, den er gleich danach in Reims, in Frankreich, wiederholen konnte.

1957 war ein sehr wichtiges Jahr in Peters Leben. Im Februar heiratete er Louise Cordier, eine amerikanische Schauspielerin und Tochter eines Assistenten des UNO-Generalsekretärs und setzte somit einer langen Serie romantischer Abenteuer ein Ende. Als Fangio zu Maserati wechselte, stellte Ferrari nochmals Mike Hawthorn ein. Wenn sie unter sich waren, nannten sich Hawthorn und Peter »mon ami mate«, so wie die Hauptfiguren einer englischen Comicserie. Ihre Komplizenschaft war so eng, dass man sich erzählte, sie hätten beschlossen, die Siegesprämien zu teilen, unabhängig von der jeweiligen Platzierung des Einzelnen. Die Saison war allerdings noch nicht ertragreich, mit nur zwei Siegen in Syrakus und Posillipo und vor allem mit dem Makel der geglückten Aufholjagd durch Fangio am Nürburgring, als dieser Peter und Mike hinter sich ließ, um in Richtung des fünften Weltmeistertitels zu fliegen. Enzo Ferrari war der Meinung, dass die Heirat nicht zum Besten für Peters Kondition war, doch er bestätigte ihn trotzdem für 1958 ein weiteres Mal im Team.

Die darauffolgende tragische Saison sollte die Geschichte des Automobilsports und die von Ferrari nachhaltig prägen. Peter und seine Frau Louise waren in der Zwischenzeit nach Monte Carlo umgezogen, wo ihre neue Yacht vor Anker lag. Für ihre Reisen verwendeten sie oft das Privatflugzeug von Mike Hawthorn, der fast immer ihr unzertrennlicher Weggefährte war. Die Siege im Team mit Phil Hill mit Sportwagen in Buenos Aires und Sebring und in der Formel 1 in Silverstone bei einem nicht zur Meisterschaft zählenden Rennen schienen vielversprechend. Im Juli kam es in Reims zur Tragödie mit Musso, was Collins und Hawthorn allerdings nicht allzu sehr zu belasten schien. In Silverstone, beim Grand Prix im eigenen Land, konnte Peter wieder unangefochten siegen, indem er fast von Anfang bis Ende des Rennens immer an der Spitze fuhr. Zwei Wochen später fand der Große Preis von Deutschland auf dem gefürchteten Nürburgring statt. Vielleicht lag ihm noch die Aufholjagd durch Fangio schwer im Magen, auf jeden Fall fuhr Peter in der elften Rennrunde an der Spitze, als er vom Vanwall von Tony Brooks eingeholt und überholt wurde. Im Windschatten seines Landsmanns fahrend, nahm Peter die Kurve in der Pflanzgarten-Senke zu schnell. Vor den Augen von Hawthorn, der direkt hinter ihm fuhr, drehte und überschlug sich der Ferrari. Collins wurde aus dem Cockpit geschleudert und schlug mit dem Kopf auf den einzigen Baum auf, der im äußeren Bereich der Kurve stand. Er wurde noch in ein Bonner Krankenhaus geflogen, doch erlag er dort seinen schweren Kopfverletzungen.

Peter Collins an den Boxen in Silverstone am Tag vor dem Großen Preis von Großbritannien 1958, den er auf einem Ferrari D246 gewann.

PETER COLLINS — *KIDDERMINSTER 6.11.1931* — *BONN 3.8.1958*

BESTRITTENE GP 32
F-1-SIEGE 3

LUIGI MUSSO

Die Geschichte von Luigi Musso überkreuzt sich in vielerlei Hinsicht mit der von Eugenio Castellotti. Beide waren Mitte der 1950er-Jahre die aufsteigenden italienischen Rennfahrer und hatten vieles gemeinsam, beginnend mit einer sehr wohlhabenden Familie als Rückhalt. Auch Musso wurde recht früh, im Alter von nur 16 Jahren, zum Halbwaisen, als sein Vater Giuseppe Domenico Musso 1940 starb. Er war ein römischer Anwalt, der enorme Reichtümer angehäuft hatte, und zwar durch die Zusammenarbeit mit der chinesischen Regierung in der Durchführung von Transporten nach Shanghai. In Italien hatte er außerdem eine Filmproduktionsfirma gegründet. Luigi war das jüngste von fünf Kindern und wurde durch das Beispiel seiner Brüder Luciano und Giuseppe auf den Geschmack der Automobilrennen gebracht. Er leistete noch seinen Wehrdienst bei der Luftwaffe, heiratete sehr jung im Jahr 1945 und begann daraufhin, Rennen zu fahren. Die Ehe hielt nicht lange und Luigi war bereits Vater zweier Kinder, als er 1950 die ersten Rennsportwagen kaufte. Im Jahr darauf saß er am Steuer eines Ferrari 166 MM. In der darauffolgenden Saison beschloss er, auf Maserati zu wechseln, und wurde Elfter bei der Targa Florio. Von da an begann das offizielle Maserati-Team, ihn zu unterstützen, und ermöglichte ihm somit, die italienische Sportwagen-Meisterschaft zu gewinnen.

Musso verfügte über ein großes Naturtalent und einen sehr akkuraten Fahrstil. Seine Präzision am Steuer begünstigte ihn auf den schnellen Strecken, die deshalb sein Lieblingsterrain waren. Er war stets elegant gekleidet, hatte aber zwei gravierende Laster: Das erste von beiden war, dass er eine Zigarette nach der anderen rauchte. Das andere Laster war die Spielsucht, die ihm, genauso wie die Leidenschaft für Rennen, von seinen größeren Brüdern mitgegeben worden war. Er spielte mit Karten und am Roulettetisch, ohne sich um die großen Summen zu kümmern, die auf dem Spiel standen und die er nicht selten verlor. Unter seinen Geliebten war Maria Teresa de Filippis, die bis heute als eine der besten Rennfahrerinnen gilt und sowohl in der Formel 1 als auch bei Sportwagenrennen fuhr. 1954 war Luigi offizieller Fahrer von Maserati und wurde Zweiter bei der Mille Miglia und beim Großen Preis von Spanien in Pedralbes am Jahresende. Den bedeutendsten Sieg konnte Musso beim nicht zur Weltmeisterschaft zählenden Großen Preis von Pescara erringen, den er am Steuer eines 250F dominierte. Weitere gute Ergebnisse kamen mit Maserati im Jahr 1955 durch den Gewinn des Gran Premio Supercortemaggiore in Monza und des italienischen Meistertitels in der Sportwagenkategorie, zusammen mit dem dritten Platz beim Großen Preis der Niederlande in der Formel 1, wodurch auch Enzo Ferrari auf ihn aufmerksam wurde.

1956 fand sich Musso in Maranello im Team mit Fangio, Collins, de Portago, Gendebien und Eugenio Castellotti wieder. Zwischen Musso und Castellotti entstand sofort eine herbe Rivalität, weil Letzterer sich Hoffnungen auf den ersten Fahrerplatz bei Ferrari gemacht hatte und stattdessen einen neuen Teamkollegen vorfand. Die beiden lieferten sich oft erbitterte Duelle und ihr härtestes fochten sie um den Sieg beim Großen Preis von Italien aus, bei dem beide letztendlich ausschieden. Im Laufe des Rennens weigerte sich Musso, seinen Monoposto an Fangio zu übergeben, und verärgerte Enzo Ferrari in nicht geringem Maße. Im Laufe des Jahres hatte Castellotti die Mille Miglia gewonnen, während Musso mit dem Ferrari 290 MM auf dem Nürburgring einen Unfall erlitt. Im Winter verbrachten Musso und Castellotti einige Ferientage miteinander und konnten ihre Streitigkeiten beilegen. Luigi hatte in der Zwischenzeit ein junges Mädchen aus Florenz kennengelernt, Fiammetta Breschi, die erst 18 Jahre alt war, als sie an dem faszinierenden römischen Rennfahrer großen Gefallen fand.

Der Tod von Eugenio Castellotti zu Beginn des Jahres 1957 beschäftigte Musso so sehr, dass es seinen Freunden schien, als habe er sich nach dem Unfall verändert. Der Römer hatte auch große finanzielle Schwierigkeiten, sowohl wegen seiner zügellosen Spielleidenschaft als auch wegen falscher Investitionen, allen voran die Übernahme eines Vertragshandels für amerikanische Wagen. Bei der Mille Miglia im Mai hätte er mit dem Wagen de Portagos fahren sollen, der einen tödlichen Unfall hatte, bei dem auch mehrere Zuschauer ums Leben kamen. Nur eine starke Bronchitis hatte Musso davon abgehalten, auf den Fahrersitz jenes Ferrari zu steigen. Diese Episode verschlimmerte seine Trübsal, doch konnte er die Kraft finden, sich wieder zu erholen und optimale Resultate zu erzielen, darunter den Sieg beim Großen Preis in Reims, der zwar nicht zur Weltmeisterschaft zählte, aber dennoch eine beträchtliche Prämie bot, die seine schwierige finanzielle Lage etwas erleichterte.

Musso war davon überzeugt, mit Ferrari Weltmeister werden zu können, und wies deshalb ein Angebot von BRM für das Jahr 1958 zurück. Die Saison lief vielversprechend an, mit zweiten Plätzen in Argentinien und Monte Carlo und Siegen beim Großen Preis von Syrakus und bei der Targa Florio, wobei er diesen Preis zusammen mit Gendebien errang. Eine Woche nach den 500 Meilen von Monza, die auf dem Hochgeschwindigkeitsring ausgetragen wurden und bei denen er zusammen mit Mike Hawthorn und Phil

Hill Dritter wurde, kam der Große Preis von Frankreich in Reims. Luigi erachtete dieses Rennen für entscheidend und kurz vor Beginn erhielt er ein Telegramm, das ihn daran erinnerte, dass er versuchen musste, das Rennen zu gewinnen, um seine finanzielle Situation wieder ins Lot zu bringen. Fangio hatte ihm gesagt, dass man mit Mut und Geschicklichkeit in die erste Kurve nach der Zielgeraden einfahren könne, ohne den Fuß vom Gaspedal zu nehmen. Während er im Windschatten von Hawthorn mit der Absicht fuhr, ihn an der besagten Geraden zu überholen, probierte Musso diese Taktik schließlich in der zehnten Runde aus. Der Ferrari jenes Jahres war aber leistungsstärker geworden und kam so mit einer höheren Geschwindigkeit in die von Fangio angegebene Kurve hinein. Es gelang Musso nicht, den mit 260 km/h heranfahrenden Wagen auf Kurs zu halten. Luigi kam von der Strecke ab und wurde aus dem Cockpit geschleudert. Er starb fast auf der Stelle an seinen inneren Verletzungen.

Der gelbe Helm war das Markenzeichen von Luigi Musso. Der römische Pilot kam 1958 in Reims bei einem Zweikampf mit seinem Teamkollegen Hawthorn ums Leben.

LUIGI MUSSO — *ROM 28.7.1924*
REIMS 6.7.1958

BESTRITTENE GP — *24*
F-1-SIEGE — *1*

JACK BRABHAM

In Zivilkleidung hätte Jack Brabham nur schwerlich den Verdacht aufkommen lassen, er könnte einer der besten Rennfahrer aller Zeiten sein. Der Eindruck des friedfertigen Familienvaters, den er hinterließ, täuschte so manchen darüber hinweg, dass der dreifache Weltmeister aus Australien bedeutende Seiten der Formel-1-Geschichte geschrieben hat. Brabham ist als einziger Rennfahrer in die Annalen eingegangen, der sowohl Konstrukteur von Rennwagen war als auch den Weltmeistertitel errang. Er kam 1926 als Sohn eines Lebensmittelhändlers vor den Toren Sydneys zur Welt. Wie so viele Jungs seiner Generation lernte er schon im Alter von zwölf Jahren das Autofahren. Mit 15 hatte er eingesehen, dass die Schule nichts für ihn war, und er begann, als Mechaniker in einer Autowerkstatt zu arbeiten und abends zu studieren. 1946, nach zweijährigem Wehrdienst bei der Air Force, eröffnete er eine Reparaturwerkstatt und entdeckte sein Interesse für die Midget-Rennen, auch durch seine Freundschaft mit dem Amerikaner Johnny Schonberg, der in dieser Kategorie Rennen fuhr. Die noch heute in angelsächsischen Ländern sehr populären Autorennen mit den rudimentären Midget-Monopostos wurden auf nicht asphaltierten Ovalstrecken abgehalten. Brabham konstruierte einen Wagen für Schonberg, und als dieser beschloss, nicht anzutreten, war Jack praktisch gezwungen, selbst Rennen zu fahren.

Die Siege kamen haufenweise und der nächste Schritt bestand darin, an Rundstrecken- und Bergrennen teilzunehmen. In den 1950er-Jahren lernte Jack einen jungen Landsmann kennen, Ron Tauranac, der ebenfalls an Kraftfahrzeugtechnik interessiert war, und mit ihm begann eine Arbeitsgemeinschaft, die Berühmtheit erlangen sollte. Bis zum Ende des Jahres 1954 gelang Brabham eine lange Siegesserie mit den von ihm konstruierten oder umgebauten Wagen. Er war ein eher schweigsamer Mensch und hatte sich den Spitznamen »Black Jack« verdient – wegen der Entschlossenheit, mit der er sich in den Rennen behauptete und auch wegen seiner rabenschwarzen Haare. Auf der Welle so vieler Erfolge beschloss er Ende 1954, sein Glück in Europa zu versuchen, mit der Idee, ein Jahr dort zu bleiben und daraufhin wieder in die Heimat zurückzukehren. Beim Großen Preis von England in Silverstone stand er mit einem Formel-1-Cooper in der Startreihe und obwohl er schon 29 Jahre alt war, nahm seine Karriere eine neue Wendung. Im Jahr darauf versuchte er leider erfolglos sein Glück auf einem nunmehr in die Jahre gekommenen Maserati 250F, mit dem er sich privat bei den Grands Prix der höchsten Kategorie eingetragen hatte, und kehrte letztendlich wieder in den Cooper-Stall zurück. Im Gegensatz zu den anderen Monopostos der Formel 1 hatte der kleine und wendige Cooper einen Mittelmotor und erwies sich als das beste Fahrzeug zu Ende der 1950er-Jahre. Brabham machte ihn durch seinen Sieg bei den Weltmeisterschaften 1959 und 1960 berühmt. Sein triumphaler Auftritt begann 1959 in Monte Carlo und endete im Jahr darauf in Portugal, nach insgesamt sieben gewonnenen Grands Prix. Jack heiratete 1951 seine Frau Betty und benahm sich daraufhin ganz anders als der stereotype Rennfahrer jener Zeit, auch im Hinblick auf seinen privaten Fahrstil außerhalb der Rennstrecken. Auf normaler Straße fuhr er derart vorsichtig und langsam, dass die bei ihm mitfahrenden Kollegen es völlig unerträglich fanden. Jack entschied sich für das Flugzeug als alternatives Fortbewegungsmittel für seine Reisen in Europa, und so

Jack Brabham errang drei Weltmeistertitel und ist der einzige Konstrukteur, der auf seinem eigenen Formel-1-Wagen einen Titel gewann.

JACK BRABHAM — *HURSTVILLE 2.4.1926*
GOLD COAST 19.5.2014

BESTRITTENE GP	*126*
F-1-SIEGE	*14*
POLEPOSITIONS	*13*
F-1-WELTMEISTER	*1959, 1960, 1966*

Links Der australische Champion am Steuer des Brabham-Repco auf der Rennstrecke in Silverstone 1966.

Rechts Jack ist mit seinem Brabham-Offenhauser bereit für die 500 Meilen von Indianapolis 1964. Bei diesem auch sonst für ihn stets unglücklich verlaufenden Rennen sollte er ausscheiden.

war er einer der ersten Piloten, die ein Flugzeug kauften und steuerten, um sich zu den Rennen zu begeben.

Zusammen mit Ron Tauranac gründete er 1962 die Motor Racing Developments und machte den großen Schritt hin zum Konstrukteur. Abgesehen von einigen Ausfällen waren die ersten Ergebnisse ermutigend und der Sieg kam beim Großen Preis von Frankreich im Jahr 1964, mit Dan Gurney als Fahrer. Die Wende erfolgte mit den veränderten Reglements im Jahr 1966 und mit dem Übergang auf 3-Liter-Motoren. Die australischen Antriebe von Repco, ein Ableger von Oldsmobile, erwiesen sich als geeignet und Brabham, der zwar schon angedeutet hatte, sich zurückziehen zu wollen, wurde zum ersten Rennfahrer, der auf einem Fahrzeug mit seinem eigenen Namen als Konstrukteur in die vordersten Ränge fuhr. Mit vier Siegen erlangte er den dritten Weltmeistertitel im Alter von über 40 Jahren. Die Überlegenheit des Brabham setzte sich auch 1967 fort. Allerdings wurde dieses Mal Denis Hulme Weltmeister, der neue Teamkollege des mittlerweile in die Jahre gekommenen »Black Jack«. Brabham konnte trotzdem noch den zweiten Platz in der Fahrerwertung erreichen und zwei Grands Prix gewinnen. 1968 engagierte er Jochen Rindt und 1969 Jacky Ickx, aber die Resultate waren nicht mehr die gleichen. Die größte Genugtuung bereitete es ihm, zwischen den Saisons mit einer Beechcraft von England nach Australien zu fliegen. Im Juni 1969 brach er sich beim Training in Silverstone den Knöchel und schien nunmehr zum Rücktritt entschlossen, auch um seiner Frau Betty eine Freude zu bereiten. Doch konnte er keinen Spitzenfahrer finden und so musste er nochmals an den Start zurück. Es schien fast unmöglich, aber der mittlerweile 44-jährige Jack gewann das erste Rennen in Südafrika, um dann den Großen Preis von Monaco in der letzten Kurve zu verlieren. Auch in Brands Hatch fuhr er bis auf wenige Hundert Meter vor dem Ziel an der Spitze der Fahrergruppe, als ihm das Benzin kurz vor dem krönenden Moment ausging. Bei der Weltmeisterschaft mit Jochen Rindt, dem später posthum der Weltmeistertitel verliehen wurde, spielte Brabham bis zum Großen Preis von Mexiko eine herausragende Rolle, als er sich auf dem dritten Platz liegend zurückzog. So fand eine Karriere ihr Ende, die zwar von der allgemeinen Kritik unterbewertet worden war, aber in Wirklichkeit eine enorme Leistung darstellte. Der Brabham-Stall wurde von Bernie Ecclestone aufgekauft und konnte weitere erfolgreiche Zeiten erleben, während der Gründer des Brabham-Teams auf seiner neuen Farm in Australien friedliche Zeiten genießen durfte, nachdem er als erster Rennfahrer der Nachkriegszeit zum britischen Ritter geschlagen worden war.

52
ENCO
BOWES

BRUCE McLAREN

Durch die Siege von Lauda, Prost und Senna erlangte der Rennstall McLaren in der Welt der Formel 1 große Bekanntheit. Die Geschichte seines Gründers aber ist nicht weniger faszinierend. Sie begann im Jahr 1937 in Auckland. Bruce McLaren wurde in eine Familie hineingeboren, die eine Werkstatt und eine Tankstelle besaß, und so wuchs er inmitten von Automobilen und Motoren auf. Alles schien sich bestens zu entwickeln, aber das Leben sollte eine unangenehme Überraschung für ihn bereithalten: Mit neun Jahren bekam er Morbus Perthes, eine Krankheit, die von den Ärzten zu Beginn fälschlicherweise mit Polio verwechselt wurde. Die Mangeldurchblutung des Knochengewebes im Hüftkopf führte zu einer Unterentwicklung des Knochens. Bruce verbrachte zwei Jahre in einer Unfallklinik, bis die Krankheit wieder ausgeheilt war. Mit großem Mut und Optimismus überwand er sein Handicap, das bei anderen vielleicht eine Tragödie ausgelöst hätte, und organisierte sogar Rollstuhlrennen mit Gleichaltrigen. Sein linkes Bein blieb wegen der Krankheit etwas kürzer und über das Humpeln hinaus litt er manchmal unter Schmerzen im Bereich der Hüfte.

Sein Vater Les war ein leidenschaftlicher Motorsportliebhaber. Er fuhr Berg- und Speedrennen und ermutigte Bruce schon in jungen Jahren, die Grundelemente des Fahrens zu erlernen. So präparierten Vater und Sohn gemeinsam einen alten Austin 7 Ulster, mit dem Bruce im Alter von nur 14 Jahren bei einem Bergrennen debütierte. Zwei Jahre später begann er, regelmäßig mit immer stärkeren Fahrzeugen Rennen zu fahren und konnte bei den Landesmeisterschaften auf sich aufmerksam machen. Er stellte sich bei allem, was er tat, so gut an, dass er als erster Jugendlicher vom neuseeländischen Fahrerverband ausgewählt wurde, um in Europa an Rennen teilzunehmen. Unter seinen Entdeckern befand sich auch Jack Brabham. 1958 begab sich Bruce mit seinem Freund, dem Mechaniker Colin Beanland nach England und baute ein gutes Verhältnis zu den Coopers auf, sowohl zum Vater als auch zum Sohn. Sie setzten ihn in ein Formel-2-Fahrzeug und Bruce fuhr bei seinem Debüt beim Großen Preis von Deutschland so gut, dass er in der Endwertung auf dem fünften Platz landete. Um eine Rennstrecke wie den Nürburgring im Alter von nur 20 Jahren zu meistern, braucht man schon sehr viel Talent. Er wurde daraufhin von dem herausragenden Talentscout Ken Tyrrell engagiert, um mit dessen Cooper in der Kadettkategorie zu fahren. Mit Sicherheit war diese Schule hilfreich für seine Karriere. Im Team mit Jack Brabham gewann Bruce Ende 1959 seinen ersten Grand Prix in Sebring, in den Vereinigten Staaten. Er war erst 22 Jahre alt und wurde so zum jüngsten Sieger in der Formel 1 jener Zeit. Dieser Rekord konnte ihm erst im Jahr 2003 durch Alonso genommen werden, mit weniger als 80 Tagen Altersunterschied. Mit Cooper gewann er noch den Großen Preis von Argentinien im Jahr 1960 und den von Monaco 1962. Er blieb in der Mannschaft, nachdem Brabham das Team verlassen hatte, um selbst Konstrukteur zu werden, und fuhr auch mit Prototypen Rennen. Der bedeutendste Erfolg kam beim 24-Stunden-Rennen von Le Mans im Jahr 1966 auf einem Ford, mit seinem Landsmann Chris Amon als Beifahrer, einem damals sehr jungen und aufstrebenden Piloten. In der Zwischenzeit hatte er Ende 1959 Patricia Broad kennengelernt, besser bekannt

Über die vier Grands Prix in der Formel 1 hinaus gewann Bruce McLaren das 24-Stunden-Rennen von Le Mans 1966 auf einem Ford GT40, zusammen mit Chris Amon.

BRUCE MCLAREN — *AUCKLAND 30.8.1937* / *GOODWOOD 2.6.1970*

BESTRITTENE GP — *100*

F-1-SIEGE — *4*

unter ihrem Spitznamen Pat. Er heiratete die junge Frau, die im November 1965 ein Mädchen mit dem Namen Amanda zur Welt brachte. So wie Jack Brabham war auch Bruce McLaren ein Mensch, der voll und ganz in der Familie, in der Werkstatt und auf den Rennstrecken aufging.

Er folgte dem Beispiel von Jack Brabham und begann 1964, durch die Teilnahme am Tasman Cup mit modifizierten Cooper-Wagen, den Grundstein für sein eigenes Team zu legen. Die Erfahrung war zwar dank des Sieges in der Serie positiv, aber zugleich auch tragisch, wegen des tödlichen Unfalls von Timmy Mayer, einem jungen Amerikaner aus seinem Team. Bruce gründete den Rennstall McLaren zusammen mit seinem Bruder Teddy und Tyler Alexander und gab Ende 1965 bekannt, dass er damit in der Formel 1 fahren würde. Zu jenem Zeitpunkt wandelte er sich zum Tester, Entwickler und manchmal auch Erfinder, wie im Falle der »Nüstern« genannten Lufteinlässe im vorderen Bereich der Fahrzeuge. Die ersten Siege schneiten in der in den Vereinigten Staaten und Kanada gefahrenen Can-Am-Kategorie herein, bei welcher man mit Sportwagen fuhr, die mit Motoren aus der Serienproduktion bestückt waren. Die McLaren-Wagen beherrschten die Meisterschaften der Jahre 1967, 1968 und 1969 mit Bruce, Denis Hulme und nochmals Bruce McLaren als Fahrer. Und in der Welt der Grands Prix war er es, der seinem Team den ersten Sieg schenkte, im belgischen Spa, im Jahr 1968. Bis zum heutigen Tag ist Bruce McLaren zusammen mit Jack Brabham der einzige Pilot, der einen Grand Prix mit einem von ihm selbst konstruierten Wagen gewonnen hat.

1970 fuhr Bruce weiterhin Rennen in der Formel 1 und arbeitete intensiv an der Entwicklung des Wagens für die Can-Am-Meisterschaft, die Mitte Juni beginnen sollte. Der neue M8D war bereit für die Prüfungen in England und am 2. Juni wählte Bruce die Piste in Goodwood aus, um den Wagen zu testen. Er fuhr mit einer Geschwindigkeit von etwa 270 km/h, als plötzlich die Heckverkleidung abriss, der Wagen die Stabilität verlor und gegen einen betonierten Unterstand für die Streckenposten seitlich der Piste geschleudert wurde. Bruce McLaren hatte keine Überlebenschance: Er war auf der Stelle tot und hinterließ eine große Lücke – nicht nur innerhalb seines Unternehmens und der Familie, sondern auch in der Welt des Automobilsports. Der M8D, mit dem die Rennen der Can-Am-Meisterschaft ausgetragen wurden, dominierte die Serie mit Denis Hulme als Fahrer, während das Formel-1-Team nun für den Qualitätssprung bereit war, der in den 1970er-Jahren zum Gewinn der ersten Weltmeistertitel durch Fittipaldi und Hunt führen sollte wie auch zu den Siegen in Indianapolis in den Jahren 1972, 1974 und 1976.

Der Große Preis von Spanien in Jarama 1970 war das vorletzte Rennen von McLaren. Auf dem von ihm selbst konstruierten Monoposto platzierte sich der Australier auf dem zweiten Platz hinter Stewart.

11

HINCHMAN
ESSO
Graham Hill.

GRAHAM HILL

Graham Hill kam 1929 in London zur Welt und war unter den vielen Hundert Persönlichkeiten, die der Motorsport seit Beginn der ersten Rennen hervorgebracht hat, eine der originellsten. Er war unverwechselbar – mit seinem Schnurrbart, seiner gepflegten Frisur und der typisch englischen Gelassenheit. Sein ausgesprochener Sinn für Humor war eines seiner Markenzeichen, genauso wie die Aufgeschlossenheit den Journalisten gegenüber, die ihm und seinem mit Gold und zahlreichen Titeln bestückten Portfolio zu großer Berühmtheit verhalfen. Obwohl sein Vater Börsenmakler war, lebte seine Familie nicht im Überfluss und das Leben wurde noch schwerer, als der Zweite Weltkrieg ausbrach. Graham begann im Alter von 16 Jahren, bei einem Hersteller von Musikinstrumenten zu arbeiten. Mit 21 Jahren wurde er in die Marine einberufen und mit 23 schrieb er sich, nach seiner Rückkehr, im Londoner Ruderclub ein, dessen Logo das Markenzeichen seines Rennfahrerhelms werden sollte. Was Automobile anbelangt, musste er sich bis zum Alter von 24 Jahren gedulden, bevor er eines bekam. Es handelte sich um einen Austin aus demselben Baujahr wie das seines Halters, 1929, ein altes Wägelchen, das er für wenige Pfund Sterling erwerben konnte.

Seine Leidenschaft für Autorennen entflammte augenblicklich an dem Tag, an welchem er es sich erlauben konnte, einige Runden mit dem Monoposto einer Rennfahrschule der Formel 3 in Brands Hatch zu drehen. Dort wurde er für ein äußerst bescheidenes Entgelt Fahrlehrer. Zu seinem großen Glück traf Graham Hill auf Colin Chapman, den Gründer und Besitzer von Lotus. Am Anfang konnte er sich als Mechaniker anstellen lassen, wofür er mit einem Pfund Sterling pro Tag entlohnt wurde. Dann gelang es ihm, den Eigentümer zu überzeugen, ihn Rennen fahren zu lassen, bis er sich wie durch ein Wunder am Steuer eines Lotus in der Formel 1 wiederfand, in der Startreihe des Großen Preises von Monaco im Jahr 1958. In der Zwischenzeit hatte Graham 1955 Bette geheiratet, die eine Institution in der britischen Rennfahrerwelt werden sollte, abgesehen von der Tatsache, dass sie die Mutter von Brigitte, Samantha und Damon, geworden war.

Die Erfahrung bei Lotus war alles andere als angenehm, weil er oft ausschied und nur wenige Platzierungen erreichen konnte. Anfang 1960 wechselte Hill zu Louis Stanleys Rennstall BRM, der zu jener Zeit aber keinen sonderlich guten Ruf hatte und nur wenige bedeutende Ergebnisse einfahren konnte. Doch trugen der eiserne Wille des englischen Rennfahrers und sein unerschütterlicher Optimismus dazu bei, dem Schicksal der Mannschaft eine positive Wendung zu geben. 1962 gewann Graham seinen ersten Grand Prix in Zandvoort, in den Niederlanden, und dann nochmals in Deutschland, Italien und Südafrika, was ihm den Weltmeistertitel einbrachte. BRM befand sich nun an der Spitze, auch wenn Hill 1963 Clark und seinem Lotus den Vortritt lassen musste und sich im Jahr darauf als Zweiter hinter John Surtees, dem Weltmeister auf Ferrari, platzierte. Beim entscheidenden Rennen in Mexiko wurde Graham Hill vom Ferrari von Surtees' Teamkollegen Bandini touchiert und schied aus. Heutzutage würde ein solcher Vorfall unendliche Polemiken auslösen, aber damals reagierte Hill mit dem für ihn so typischen Humor.

Graham Hill war Weltmeister der Jahre 1962 und 1968, bevor er ein Team gründete, das seinen Namen trug.

GRAHAM HILL — *HAMPSTEAD 15.2.1929*
ARKLEY 29.11.1975

BESTRITTENE GP	*176*
F-1-SIEGE	*14*
POLEPOSITIONS	*13*
F-1-WELTMEISTER	*1962, 1968*

FORD

Er sandte Lorenzo Bandini zu Weihnachten eine Serie von Videokassetten, die einen kompletten Autofahrkursus enthielten. In den beiden folgenden Jahren fand er sich in seinem Team mit dem aufstrebenden Star Jackie Stewart konfrontiert, aber es gelang ihm 1965 nochmals, Vizeweltmeister hinter Clark zu werden. Er war nunmehr zu einer berühmten Persönlichkeit geworden und liebte es, in der Rennfahrerwelt seine Scherze zu reißen, auf dem Tisch zu tanzen und sich auf jede erdenkliche Art und Weise zu vergnügen, trotz Frau und Kindern zu Hause. Mit den Rennerlösen kaufte er sich ein Flugzeug und reiste damit in ganz Europa herum, allerdings nicht immer mit einem Maximum an Vorsicht, wie die damaligen Passagiere zu erzählen wussten. Die Leistungen von BRM hatten in der Zwischenzeit wieder nachgelassen und trotz des prestigeträchtigen und profitablen Sieges bei den 500 Meilen von Indianapolis im Jahr 1966 kehrte Graham Hill im Jahr darauf wieder zu Lotus zurück, zusammen mit Jim Clark. Das 49er-Modell mit dem Ford-Motor flog regelrecht, doch nur Clark konnte damit siegen, musste aber 1967 den Titel dennoch an Hulme mit Brabham überlassen. Als der schottische Champion Anfang 1968 sein Leben bei einem Unfall in der Formel 2 verlor, stieg Graham Hill an die Spitze des Lotus-Teams auf. Mit drei Siegen gelang es ihm, Jackie Stewart und seinen Matra beim Großen Preis von Mexiko um Haaresbreite zu besiegen und zum zweiten Mal Weltmeister zu werden. 1969 bekam er mit Jochen Rindt einen neuen, aber unbequemen Teamkollegen. Hill gewann zum fünften Mal in Monte Carlo, doch das Jahresende verbrachte er, nach dem schweren Unfall beim vorletzten Grand Prix des Jahres in Watkins Glen, mit einem gebrochenen Bein in einem Krankenhauszimmer. 1970 wechselte er ins private Team von Rob Walker über, der die Rennen mit einem Lotus 72 fuhr, und daraufhin für die beiden darauffolgenden Saisons zu Brabham. Zum Teil wegen seines Alters, zum Teil wegen des Unfalls war Graham nicht mehr derselbe Fahrer wie zuvor, auch wenn es ihm große Genugtuung verschaffte, das 24-Stunden-Rennen von Le Mans zusammen mit Henri Pescarolo auf dem Matra zu gewinnen.

1973 gründete er sein eigenes Team und fuhr zuerst mit Lola-Monopostos und 1975 mit einem vollständig selbst konstruierten Wagen. In jenem Jahr kündigte er seinen Rücktritt an, nachdem er sich bei den Testfahrten nicht für den Großen Preis von Monaco qualifizieren konnte. Graham Hill hatte ein junges Talent entdeckt, Tony Brise, dem jeder eine herausragende Zukunft prophezeite, als er die ersten Punkte für Hill als Konstrukteur eingefahren hatte. Seine märchenhafte Geschichte endete leider abrupt am Abend des 29. November 1975. Graham Hill war nach Probefahrten in Le Castellet in Südfrankreich mit seiner Piper Aztec auf dem Heimweg. Trotz der Dunkelheit und des dichten Nebels versuchte er, in Elstree zu landen, wo er seinen Wagen geparkt hatte. Das Flugzeug zerschellte am Boden und bei dem Unglück kamen nicht nur Graham Hill und sein Fahrer Tony Brise ums Leben, sondern auch weitere vier Mitglieder des Teams. Hills Sohn Damon trat das Erbe seines Vaters an und wurde 1996 auf Williams Formel-1-Weltmeister.

Ein Bild der Startreihe beim Großen Preis von Frankreich 1968 in Rouen, mit dem unverwechselbaren Helm von Graham Hill im Vordergrund.

JIM CLARK

Er war das jüngste von fünf Kindern einer wohlhabenden Familie von Landbesitzern, die in Edington Mains eine Schafzucht betrieb. Jim Clark kam 1936 in Kilmany, Schottland, als einziger Sohn seiner Eltern auf die Welt und war deshalb dazu bestimmt, eines Tages deren Tätigkeit weiterzuführen. Mit genau dieser Ausrede gelang es ihm im Alter von 16 Jahren, den Vater davon zu überzeugen, dass er seine schulische Karriere vorzeitig beenden musste. Er begann sehr früh, Auto zu fahren, und mit 18 Jahren besaß er schon einen Sunbeam-Talbot, mit dem er heimlich an Slalomrennen und Rallyes teilnahm. Der Widerstand der Familie hinderte den jungen Clark nicht daran, sich bei einer privaten Renngemeinschaft einzuschreiben, den Border Reivers. Mit seinem außergewöhnlichen Naturtalent fiel es ihm leicht, von Anfang an die ersten Positionen einzunehmen. Er war ein so extrem guter Fahrer, dass ihm sein Freund Ian Scott Watson einen Porsche 356 kaufte, mit dem Jim Ende 1957 drei der fünf Rennen gewann, an denen er teilgenommen hatte. Sein Aufstieg ging mit einem Jaguar D und einem Porsche der Border Reivers weiter, indem er den Großteil der Rennen, an denen er 1958 teilnahm, gewann. Diese Siegesserie konnte er im darauffolgenden Jahr am Steuer eines Lister-Jaguar und eines Lotus Elite fortschreiben.

Colin Chapman, der Gründer von Lotus, war mittlerweile auf ihn aufmerksam geworden und nahm ihn unter Vertrag, um ihn 1960 in der Formel Junior fahren zu lassen, nachdem Jim bei einer Probefahrt in Goodwood den dortigen Streckenrekord um vier Sekunden unterboten hatte. Anfang Juni stand er am Steuer eines Lotus 18 schon am Start des Großen Preises der Niederlande in der Formel 1 und befand sich bei seinem Ausscheiden aus dem Rennen auf dem fünften Platz. Die tragischen Vorkommnisse beim darauffolgenden Großen Preis von Belgien in Spa, mit den tödlichen Unfällen von Stacey auf Lotus und Bristow auf Cooper sowie den Unfällen der Lotus-Wagen von Moss und Taylor, hätten Clark fast davon überzeugt, seine Rennkarriere vorzeitig zu beenden. Er wurde aber von Chapman überredet, weiterzumachen, und Jim wurde zum leuchtenden Stern am Formel-1-Firmament. Doch zu seinem großen Leidwesen sollte er am 10. September 1961 in Monza unabsichtlich einen der schwersten Unfälle in der Geschichte des Automobilsports auslösen. Der leichte Lotus, den er fuhr, erlaubte es ihm, später als die anderen Monopostos zu bremsen, und beim Einfahren in die Parabolica-Kurve berührte er mit dem Bug die Auspuffrohre des gerade überholenden Ferrari von Graf Berghe von Trips, dessen Monoposto daraufhin abhob und in den Fangzaun mit der dicht gedrängten Zuschauermenge dahinter einschlug. Von Trips starb, und mit ihm 15 Zuschauer. Als er nach Hause zurückkehrte, entdeckte Jim einen Fotografen, der sich dort versteckt hatte, um heimlich ein paar Fotos von ihm zu schießen, und das verschlimmerte seinen Kummer noch.

Außerhalb des Rennwagens war Jim ein scheuer Mensch, der Werbung und die sogenannten Public Relations nicht ausstehen konnte; trotzdem stand er den Journalisten und Fotografen auf den Rennstrecken immer zur Verfügung. Im Fahrzeug ging er analytisch und entschlossen vor, aber im Privatleben verwandelte er sich in einen unglaublich wankelmütigen Menschen, dem es extrem schwerfiel, sich für einen Kinofilm oder ein Restaurant, das er

Der intensive Gesichtsausdruck von Jim Clark, der zu Recht den Ruf des besten Rennfahrers seiner Epoche innehat.

JIM CLARK	KILMANY 4.3.1936 HOCKENHEIM 7.4.1968
BESTRITTENE GP	72
F-1-SIEGE	25
POLEPOSITIONS	33
F-1-WELTMEISTER	1963, 1965

DUNLOP
DUNLOP

besuchen wollte, zu entscheiden. Er kaute an seinen Fingernägeln und rechtfertigte diese Angewohnheit mit der Aussage, es sei immer noch besser, als zu rauchen. Jim war äußerst geschickt darin, jede Art von Fahrzeug, das ihm anvertraut wurde, bis an die Grenze des Machbaren zu treiben. In Zeiten, als die Mechanik der Wagen den Menschen noch nicht voll und ganz beherrschte, konnte er sich fast immer hervortun, in allen Kategorien und auf jeder Art von Strecke. Obwohl er wie kein anderer in der Lage war, die Kontrolle über seinen Wagen zu behalten, war er vor den Rennen immer recht nervös. Er mochte es überhaupt nicht, inmitten der anderen zu fahren, und versuchte deshalb stets, sich vom Rest der Gruppe abzusetzen. Er fürchtete auch den erbitterten Kampfgeist einiger seiner Kollegen.

Nachdem er eine neuerliche Krise wegen des Unfalls in Monza überwunden hatte, kehrte Clark zu Lotus zurück und begann Siege einzufahren, mit dem 25er-Modell, dem ersten Formel-1-Monoposto mit Monocoque-Konstruktion, weshalb er den Wagen halb liegend und mit ausgestreckten Armen fuhr. Er wurde Erster in Belgien, England und den Vereinigten Staaten, aber zu viele Ausfälle hinderten ihn daran, den Weltmeistertitel zu holen. Dies gelang ihm 1963, dem Jahr, in welchem er sieben von zehn Grands Prix gewann. Er wurde nunmehr »The flying Scotsman«, »Der fliegende Schotte«, genannt und war in der ganzen Welt berühmt. 1964 war

Links 1964 konnte der Schotte die Weltmeisterschaft nicht gewinnen, aber es gelang ihm dennoch, den ersten Platz beim Großen Preis von Belgien zu belegen. Auf dem Foto steht er auf dem Podest in Spa-Francorchamps.

Oben Der Rennleiter in Watkins Glen schwenkt ausdrucksreich die Fahne vor Jim Clark, dem Sieger des Großen Preises der USA im Jahr 1967.

sein Lotus zu oft unzuverlässig, aber im Jahr darauf war er mit dem neuen 33er-Modell wieder unerreichbar für die anderen und siegte bei sechs von zehn Grands Prix. Dem glänzenden Weltmeistertitel des Jahres 1965 fügte er noch eine weitere Perle hinzu: den Sieg bei den 500 Meilen von Indianapolis. Die Änderungen des Reglements im Jahr 1966 stürzten Lotus in eine Krise und erlaubten Jim lediglich in den Vereinigten Staaten zu siegen, nach dem Wechsel des Motors von BRM auf Climax. Die Revanche sollte mit dem 49er-Modell und dem die Formel 1 revolutionierenden Achtzylinder-Motor von Ford erfolgen. Clark begann wieder, regelrecht zu fliegen, auch wenn die zu häufigen Ausfälle ihn abermals daran hinderten, den Weltmeistertitel zu erlangen, und so fiel der Titel an Hulme auf Brabham. Clark siegte weiter in den Niederlanden, England, den Vereinigten Staaten und Mexiko, aber die beeindruckendste Leistung, die in die Geschichte eingehen sollte, gelang ihm in Monza, als er nach einem Boxenstopp, den er für einen Reifenwechsel durchführen musste, 1,5 Minuten auf die anderen aufholen konnte. Mit dem Sieg schon vor Augen und nach einer Verfolgungsjagd, die jeder für undurchführbar gehalten hatte, ging ihm dann aber kurz vor dem Ziel das Benzin aus. In dieser Zeit hatten die, die ihn gut kannten, den Eindruck, er sei ruhiger und heiterer geworden. Er hatte sich mit Sally Stokes verlobt, einem Fotomodell, das er nach Beendigung seiner Rennfahrerkarriere heiraten wollte.

Jim Clarks Legende verfestigte sich weiter mit einem neuen Sieg beim Großen Preis von Südafrika in Kyalami im Jahr 1968. Am 7. April 1968 fuhr Clark in Hockenheim auf einem Lotus in der Formel 2, als er von der Strecke abkam und mit über 240 km/h in ein Waldstück neben der Piste flog. Jim war auf der Stelle tot. Man sprach davon, dass ein schleichender Platten die Ursache gewesen sein könnte, aber niemand vermochte den Grund für den Unfall wirklich zu erklären. Nur einer Sache waren sich alle sicher: dass es kein Fahrfehler Jim Clarks gewesen sein konnte.

Oben Am 7. April 1968 steht Clark in der Startreihe eines Formel-2-Rennens in Hockenheim. Während des Rennens sollte er einem tragischen Unfall zum Opfer fallen, der in die Geschichte einging.

Rechts Jim Clark im Cockpit des Lotus seines Teamkollegen Peter Arundell in Zandvoort 1966, um den BRM-Motor mit dem Climax-Motor seines Monopostos zu vergleichen.

TEAM LOTUS
8
LOTUS

JOHN SURTEES

Er ist der einzige Rennfahrer der Geschichte, der sowohl auf zwei als auch auf vier Rädern Weltmeister geworden ist. John Surtees kam 1934 in Tatsfield, Surrey, zur Welt. Sein Vater Jack war Motorradhändler und besaß eine Leidenschaft für Motorradrennen, und so setzte er seinen Sohn John 1949 in den Beiwagen seines Motorrads und nahm an einem Rennen teil. Er gewann es sogar, wurde aber disqualifiziert, weil der Junge keine Fahrlizenz besaß. Mit 16 Jahren war John selbst in der Lage, Rennen zu fahren, und nahm regelmäßig daran teil, nachdem er von Vincent, einem Motorradhersteller, engagiert worden war. Ohne jegliche Scheu machte er sich noch vor seiner Volljährigkeit einen guten Namen und forderte freimütig so berühmte Champions wie Geoff Duke heraus. 1955 wurde er von der offiziellen Mannschaft von Norton angestellt und gewann sage und schreibe 68 der 76 Rennen, für die er gemeldet worden war. Im Jahr darauf wechselte er zu MV Agusta, wo er von 1956 bis 1960 blieb. Es waren goldene Zeiten, die ihm drei Weltmeistertitel in der 350er-Klasse und weitere vier in der 500er-Klasse einbrachten, von den prestigeträchtigen Siegen in der allseits gefürchteten Tourist Trophy ganz zu schweigen. In Italien begann man, ihn »Figlio del vento«, Sohn des Windes, zu nennen, ein Spitzname, der ihm für den Rest seiner Karriere anhaften sollte. Die Engländer hingegen nannten ihn »Big John«.

Während er mit dem Motorrad die Strecken entlangflog, träumte er davon, auch den Nervenkitzel der Rennen auf vier Rädern zu verspüren, motiviert durch Mike Hawthorn und weitere englische Piloten. Nach einer Testfahrt mit dem Cooper F. Junior aus dem Team von Ken Tyrrell debütierte er im März 1960 mit diesem Wagen bei einem Rennen in Goodwood und musste nur Jim Clark und seinem Lotus den Vortritt lassen. Er beeindruckte Colin Chapman so sehr, dass dieser ihm einen offiziellen Lotus für die vier Grands Prix anbot, deren Termine nicht mit Johns Motorradterminen zusammenfielen. Nach einem schüchternen Debüt in Monte Carlo wurde Surtees Zweiter in Silverstone und war in Portugal nochmals sehr stark im Vergleich zur Konkurrenz, wo er bis zum vorzeitigen Rückzug an der Spitze fuhr, ebenso wie in den Vereinigten Staaten. In den Jahren 1961 und 1962 legte er die Motorradkombi ab und fuhr in Vollzeit Rennen in der Formel 1, mit Cooper und Lola. Die beiden zweiten Punkteplatzierungen in Rouen und Aintree mit dem Lola von Eric Broadley halfen ihm dabei, auf sich aufmerksam zu machen, und die Wende trat mit Sicht auf 1963 ein, als er nach Maranello gerufen wurde. Enzo Ferrari war seit jeher von Motorradfahrern und englischen Piloten begeistert und auch vom Kampfgeist, den Surtees auf zwei Rädern bewiesen hatte. Als Ferrari den Engländer besser kennenlernen konnte, war er zudem von der Ernsthaftigkeit, mit der Surtees sich auf die Rennen und auch die Mechanik der Wagen vorbereitete, sehr beeindruckt. Die Monopostos aus Maranello waren 1963 wieder wettbewerbsfähig, trotz der Vorherrschaft von Lotus und Jim Clark. Am Nürburgring kam endlich der Sieg, auf den man in Maranello seit fast zwei Jahren gewartet hatte. In der folgenden Saison kämpfte Surtees um den Titel, nachdem er erneut am Nürburgring und in Monza gewonnen hatte. Beim entscheidenden letzten Großen Preis in Mexiko wurde er durch Lorenzo Bandini, seinen Teamkollegen, unterstützt, der ihm in der Schlussphase des

John Surtees ist es als Einzigem gelungen, Motorradweltmeister und, 1964 mit Ferrari, Formel-1-Weltmeister zu werden.

JOHN SURTEES — TATSFIELD 11.2.1934 — LONDON 10.3.2017

BESTRITTENE GP	111
F-1-SIEGE	6
POLEPOSITIONS	8
F-1-WELTMEISTER	1964

Rennens den zweiten Platz überlassen hatte. Der Italiener hatte außerdem versehentlich Graham Hill touchiert und diesen aus dem Rennen um den Titel hinausgeworfen. So wurde John Surtees Weltmeister, als erster und letzter Weltmeister auf zwei Rädern, dem dieser Coup gelang.

Im Jahr darauf bekam das gute Verhältnis zu Ferrari erste Risse und John fuhr die Rennen mit Lola in der Can-Am-Serie. Die Lage verschlechterte sich noch weiter, als er Ende September in Mosport einen sehr schweren Unfall hatte und zwei Grands Prix in der Formel 1 fernbleiben musste. Sein linkes Bein blieb zwei Zentimeter kürzer und er benötigte sechs Monate, um sich zu erholen, aber dann war John wieder bereit für die neue Saison. Bei Ferrari traf er auf einen eingeschworenen Feind, den technischen Leiter Eugenio Dragoni, der Lorenzo Bandini stark favori-

sierte. Der Sieg beim Großen Preis von Belgien im Jahr 1966 konnte die Gemüter nicht beruhigen und kurz vor dem 24-Stunden-Rennen in Le Mans verließ Surtees das Team aus Maranello und fuhr die Rennen mit Cooper in der Formel 1 und Lola in der Can-Am. Er war durchaus erfolgreich, mit dem Sieg bei der Can-Am-Meisterschaft und dem zweiten Platz in der Formel-1-Weltmeisterschaft, den er sich dank des üblichen zweiten Platzes am Nürburgring und einem herausragenden Sieg in Mexiko sichern konnte. Im Nachhinein wurde die Trennung von Ferrari von beiden Seiten als Fehlentscheidung angesehen. Enzo Ferrari hatte sicherlich keinen einfachen Charakter und auch Surtees konnte seinen Stolz und seine Impulsivität nicht zurückhalten. Wenn er jemandem etwas zu sagen hatte, dann geschah dies ohne Umschweife und direkt, bis an die Grenze zur verbalen Aggressivität. Ein solches Fehlverhalten hat er in reiferem Alter sogar selbst eingestanden.

Surtees' Rennfahrerkarriere ging 1967 bei Honda weiter, mit denen er einen denkwürdigen Sieg beim Großen Preis von Italien erreichte, um daraufhin im Jahr 1969 zu BRM zu wechseln. 1970 gründete er sein eigenes Team, wurde Konstrukteur und fuhr bis 1972 persönlich die Rennen. Seinen größten Erfolg feierte er 1972 mit dem Gewinn der Europameisterschaft in der Formel 2 mit Mike Hailwood, ebenfalls ein bedeutender Motorradrennfahrer, der auf vier Räder umgestiegen war. Nach der Auflösung des Teams und der Beendigung seiner Aktivität als Konstrukteur zog sich Surtees Ende 1978 zurück und führte einen Motorradhandel sowie eine Honda-Vertretung. Nach seiner ersten, kinderlosen Ehe heiratete er nochmals und wurde Vater von zwei Töchtern und einem Sohn. Henry, der jüngste der drei, hatte bereits ein bemerkenswertes Potenzial als Rennfahrer gezeigt. Doch im Alter von nur 18 Jahren wurde er bei einem Formel-2-Rennen im Juli 2009 auf tragische Weise von einem Rad am Kopf getroffen und starb. Für Sir John Surtees war es das schlimmste Unglück seines Lebens, und er gründete eine Stiftung im Andenken an seinen Sohn.

Links In der letzten Phase seiner Karriere gründete Surtees ein eigenes Team. Hier sieht man ihn 1970 am Steuer eines McLaren in Zandvoort, bevor er auf seinem eigenen Monoposto debütierte.

Oben Der seinerzeit amtierende Weltmeister 1965 am Steuer seines Ferrari 158 in Silverstone bei den Testfahrten zum Großen Preis von Großbritannien.

DUNLOP
Ferrari

LORENZO BANDINI

Das einfache und freundliche Wesen des anständigen jungen Mannes, der es geschafft hatte, seinen Traum trotz einer sehr ungünstigen Ausgangsposition zu verwirklichen, gefiel vielen, vielleicht sogar allen. Lorenzo Bandini kam in Libyen, in der Stadt Barce, im Dezember 1935 auf die Welt, als Kind einer Auswandererfamilie in der damals noch italienischen Kolonie. Nach der Rückkehr der Familie in die Heimat wurde der Vater Giovanni während des Zweiten Weltkriegs erschossen, wie man erst später erfuhr, und für die Familie begann eine sehr schwere Zeit. Lorenzo wuchs in Reggiolo auf, in der Provinz Reggio Emilia, und fing früh an, in einer Werkstatt zu arbeiten. 1950 fühlte er sich reif genug für die große Stadt und zog nach Mailand, wo auch seine Schwester Gabriella lebte. Dort fand er eine Anstellung in der Rex-Werkstatt von Goliardo Freddi. Zwischen Lorenzo und Margherita, der Tochter des Werkstattbesitzers, sprang sofort der Funke einer großen Liebe über. Freddi wurde eine Art zweiter Vater für Lorenzo und unterstützte ihn in seinem Wunsch, Rennfahrer zu werden. Bandini debütierte 1956 bei einem Bergrennen in Castell'Arquato auf einem Fiat 1100 TV, den Margherita ihm geliehen hatte. Die Rennleidenschaft hatte ganz und gar Besitz von ihm ergriffen und so ging er vom 1100er auf den weitaus interessanteren Fiat 8V Coupé über. Bei der Mille Miglia des Jahres 1958 wurde er mit einem Lancia Appia Erster der Kategorie und begann, sich auch auf den Monopostos der Formel Junior einen Namen zu machen. Nach seinen privaten Rennteilnahmen im Jahr 1959 wurde er 1960 offizieller Pilot von Stanguellini und gewann den Großen Preis der Freiheit auf Kuba.

In der Zwischenzeit hatte die FISA erreicht, dass Ferrari einem jungen Piloten die Chance gab, mit einem Monoposto des Hauses aus Maranello in der Formel 1 zu fahren. Bandini machte sich Hoffnungen, doch die Wahl fiel auf Giancarlo Baghetti. Die große Enttäuschung konnte aber bald darauf durch das Engagement der Scuderia Centro Sud von Mimmo Dei wettgemacht werden, der ihn auf einem Cooper-Maserati zu den Grands Prix brachte. Er debütierte bei einem nicht zur Weltmeisterschaft zählenden Rennen in Pau und kam auf den dritten Platz hinter Clark und Bonnier. Noch viel wichtiger aber war der Sieg des 4-Stunden-Rennens von Pescara auf einem Ferrari Testa Rossa, zusammen mit Giorgio Scarlatti.

Dieser Erfolg öffnete ihm die Tür zur offiziellen Mannschaft, auch wenn Ferrari ihn nur bei drei Grands Prix der Weltmeisterschaft antreten ließ, darunter in Monaco, wo er Dritter wurde. Als tröstender Ausgleich wurde er in Pergusa Erster. 1963 war er gezwungen, sich mit einem BRM des Teams Centro Sud zu begnügen, und fuhr nur wenige Rennen in der Formel 1. Er sollte aber mit weiteren Genugtuungen bedacht werden: Nach der Hochzeit mit Margherita im Februar gewann Lorenzo das 24-Stunden-Rennen von Le Mans, zusammen mit Ludovico Scarfiotti, und wurde zu Jahresende Italienischer Meister.

Bei seiner Rückkehr zu Ferrari, auch in der Formel 1, fuhr Lorenzo 1964 zusammen mit John Surtees und konnte dank des optimalen 158ers den Großen Preis von Österreich in Zeltweg gewinnen. Am Jahresende war beim entscheidenden Rennen in Mexiko Bandinis Unterstützung grundlegend dafür, dass sein

Der italienische Pilot mit seiner Ehefrau Margherita, die bei den Testfahrten zum Großen Preis von Italien 1966 als Zeitnehmerin fungierte.

LORENZO BANDINI — *BARCE 21.12.1935* — *MONTE CARLO 10.5.1967*

BESTRITTENE GP	*42*
F-1-SIEGE	*1*
POLEPOSITIONS	*1*

Teamkollege John Surtees den Weltmeistertitel erlangen konnte. Es schien, dass sich auch anschließend alles bestens entwickeln sollte, vor allem durch den Sieg in der Targa Florio im Jahr 1965, zusammen mit Vaccarella, und den zweiten Platz in Monte Carlo in der Formel 1. Weitere gute Resultate ließen aber auf sich warten und Bandini hatte das Gefühl, infrage gestellt zu werden, wobei dies durch die Wahl von Surtees zum ersten Fahrer noch bestätigt wurde. 1966 explodierte der Streit zwischen dem Engländer und dem Hause Ferrari, aber Lorenzo wurde trotz seines zweiten Platzes in Monte Carlo nicht zum ersten Fahrer befördert.

Anfang 1967 änderte sich die Lage, als Ferrari sich endlich entschloss, auf ihn zu setzen und ihm den jungen Chris Amon, und nicht Ludovico Scarfiotti, den Bandini nicht ausstehen konnte, zur Seite zu stellen. Er war nunmehr ein reifer Mann geworden, der großen Wert auf sein Äußeres und auf die perfekte Einstellung seines Wagens legte. Stets ordentlich und gut gekleidet, mit sorgfältig gekämmten Haaren: So zeigen ihn die Fotos der damaligen Zeit. Aber er hatte seine Zeit als Mechaniker nicht vergessen und so fand er seine besten Freunde unter den Männern mit den Overalls. Sein Engagement war endlich profitabel geworden und so konnte er sich ein Landgut in Brisighella kaufen, wohin er sich nach Beendigung seiner Karriere mit Margherita, die er zärtlich Giò nannte, zurückziehen wollte. Er verfügte nicht über das Naturtalent eines Jim Clark, aber er war ein engagierter Fahrer, der, wie er erklärte, stets davon träumte, die Weltmeisterschaft zu gewinnen. Die Saison begann bestmöglich, mit zwei Siegen auf dem Ferrari 330 P4 – beim 24-Stunden-Rennen in Daytona und beim 1000-Kilometer-Rennen in Monza.

Und dann kam Anfang Mai der Große Preis von Monaco. Bandini war so zuversichtlich, dass er seine Frau am Donnerstag anreisen und sich den Smoking mitbringen ließ, den er im Falle seines Sieges beim Empfang des Fürsten tragen wollte. Beim Start schien alles bestens zu laufen. Bandini überholte den Brabham, der auf der Poleposition stand, und führte kurzfristig das Rennen an. Die Hitze und die schwierige Aufholjagd begannen, spürbar zu werden, und nach der Hälfte des Rennens war Bandini sichtlich erschöpft. In der 82. Runde, nach mehr als zwei Stunden des Rennens, passierte das Drama: Der Ferrari streifte die Streckenbegrenzung an der Hafenschikane, prallte gegen einen Poller, überschlug sich und fing Feuer. Bandini blieb dreieinhalb Minuten unter seinem Monoposto gefangen, bevor er befreit werden konnte. Nach drei Tagen im Krankenhaus in Monte Carlo erlag er seinen schweren Verbrennungen.

Links Bandinis Ferrari 1512 in Führung beim Rennen in Monte Carlo im Jahr 1965. Am Ende platzierte er sich auf dem zweiten Rang hinter Graham Hill auf BRM.

Rechts Eines der letzten Bilder von Lorenzo Bandini in der Startreihe des Großen Preises von Monaco 1967. Er fiel in der 82. Runde einem schrecklichen Unfall zum Opfer.

GIANCARLO BAGHETTI

Er ist sicher nicht so bekannt wie Fangio, Clark, Stewart oder Senna, und doch hat Giancarlo Baghetti einen Rekord aufgestellt. Er ist der einzige Rennfahrer der Welt, der bei seinem Debüt einen für die Weltmeisterschaft zählenden Grand Prix gewonnen hat. Es war am 4. Juli 1961, als ein gut aussehender junger Mailänder auf das höchste Treppchen stieg, nachdem er mit einem trickreichen Manöver am Porsche von Dan Gurney vorbeigeflogen war. So wie dieser Sieg fast unglaublich war, so war es auch die Lebensgeschichte Baghettis, der am 1. Weihnachtsfeiertag des Jahres 1934 als Kind einer wohlhabenden Familie aus der Stahlindustrie auf die Welt gekommen war. Schon als ganz Kleiner saß er am Steuer und träumte davon, eines Tages selbst Autos zu fahren. Er war dabei so derart überzeugend, dass sein Vater ihm ein Spezialfahrzeug herstellen ließ, mit dem er in den Parkanlagen des Familienanwesens fahren konnte. Für Giancarlo war es das Natürlichste, nur ans Rennfahren zu denken, und er fälschte seine Ausweispapiere, um im zarten Alter von 13 Jahren auf einer Lambretta debütieren zu können. Mit 16 Jahren hatte er schon seinen eigenen Wagen, mit dem er ohne Führerschein im öffentlichen Straßenverkehr unterwegs war. Die Polizeibeamten des Ortes kannten ihn gut und gingen davon aus, dass er mindestens 18 Jahre alt sei und ordnungsgemäße Papiere besitze. Obwohl auch seine Eltern leidenschaftliche Automobilfans waren, wollten sie ihn keine Rennen fahren lassen. Mit 21 Jahren besaß er einen für Autorennen nicht geeigneten Lancia Aurelia, aber in der Garage stand ein Alfa Romeo 1900 TI, der sich perfekt geeignet hätte. Des Nachts holte Giancarlo den Wagen heimlich aus der Garage, um ihn zu Luigi Dagrada, einem Mechaniker, zu bringen, der den Wagen für Autorennen präparierte. Die Sache ging zwei oder drei Wochen so weiter und der Vater war sehr erstaunt, wie schnell sein Auto auf einmal fuhr. Und jeden Tag noch ein bisschen schneller. Bei seinem Renndebüt in Monza lag Baghetti an der Spitze, als der Motor ausfiel. Aber anstatt gehörig bestraft zu werden, bekam er eine Giulietta Sprint Veloce als Geschenk, mit der er anfing, Rennen zu fahren.

Dagrada, der Mechaniker und Komplize, finanzierte die rennsportlichen Aktivitäten des jungen Mannes und ließ sich zu Jahresende von Papa Baghetti die Auslagen ersetzen, allerdings erst nach langen Diskussionen. Wir sprechen hier von den Jahren 1956 bis 1959, bevor Baghetti in die Formula Junior wechselte, mit einem Monoposto, der natürlich von Dagrada konstruiert worden war. 1960 war sein erstes richtig erfolgreiches Jahr mit zahlreichen Siegen in der Formula Junior, darunter der Sieg in der Coppa FISA (Federazione Italiana Scuderie Automobilistiche), dem italienischen Verband der Automobilrennställe. Durch diesen Sieg wurde ihm auch ein Ferrari in der Formel 1 zugesprochen, der für junge italienische Rennfahrer bestimmt war. Obwohl der Monoposto den Motor aus dem Vorjahr hatte, war es ein konkurrenzfähiges Fahrzeug und Baghetti nutzte die Gelegenheit, um bei seinem Debüt den nicht zur Weltmeisterschaft zählenden Großen Preis von Syrakus zu gewinnen. Zum großen Erstaunen aller bezwang er dabei die besten englischen Piloten der Zeit – von Moss bis Clark und vor allem den Porsche von Gurney und Bonnier, die ihn fast eingeholt hatten.

Im Juli setzte Ferrari ihn endlich für den Großen Preis von Frankreich ein. Es war sehr heiß, doch auf der sehr schnellen Strecke blieb Giancarlo im entscheidenden Moment des Duells mit dem Porsche von Dan Gurney eiskalt und bezwang den Gegner bei der Schussfahrt über die Ziellinie. Baghetti tat so, als wollte er den Rivalen links überholen, um sich dann rechts einzufädeln und das Rennen mit einem halben Meter Vorsprung zu gewinnen. In Italien wurde er innerhalb von wenigen Stunden zu einer Berühmtheit und bei der Rückkehr nach Maranello einige Tage später fragte ihn Enzo Ferrari, ob er sich überhaupt noch erinnern könne, auf welchem Wagen er denn gesiegt habe. Auch Ferrari würdigte den sauberen Fahrstil Baghettis als Ergebnis einer angeborenen Klasse im Fahren und verglich ihn sogar mit Achille Varzi, dem Inbegriff für sauberen Fahrstil in der Epoche der heldenhaften Rennfahrer. 1961 wurde er nach diesem Sieg, wie auch Jim Clark, als aufsteigendes Talent angesehen. Zusammen mit dem Schotten musste er die Tragödie von Monza ganz aus der Nähe miterleben, als der Ferrari des Grafen Berghe von Trips in die Zuschauermenge katapultiert wurde und der Anwärter auf den Weltmeistertitel zusammen mit 15 Zuschauern sein Leben ließ.

Viele Jahre danach erscheint es unglaublich, dass Baghettis Karriere an der Spitze sich auf wenige Monate beschränken sollte. Die schlechter werdenden Leistungen von Ferrari im Jahr 1962 und, schlimmer noch, der Wechsel zu A.T.S. im Jahr darauf gaben seiner Karriere einen Abwärtsruck. Die letzte Teilsaison in der Formel 1 verbrachte er 1964 mit einem BRM der Scuderia Centro Sud und fuhr in den Jahren 1965 bis 1967 lediglich beim Großen Preis von Italien. Er nahm aber weiterhin an Rennen mit Sport- und Tourenwagen teil und erreichte hier und da respektable Erfolge. Viele waren der Meinung, dass der Wohlstand und die unbeschwerte Kindheit ihn zu schwach gemacht hätten, um schwierige Zeiten durchzustehen. Auch ging Giancarlo davon aus, dass er durch das Fehlen konkurrenzfähiger Wagen nicht sein volles Potenzial ausschöpfen konnte, zumal er um die niederen Ränge fahren musste. In gewisser Weise erwies sich auch sein stets einwandfreies und gutes Benehmen als Hindernis, weil es in gewissen heiklen Lagen einfach notwendig ist, seine schlechteste Seite zu zeigen.

Baghetti war in Monte Carlo dabei, als Lorenzo Bandini den tragischen Unfall hatte, und er war einer derjenigen, die versuchten, ihn so schnell wie möglich aus dem in Flammen stehenden Ferrari herauszuziehen. Ein gutes Jahr später saß er nochmals im Rennwagen in Monza beim Gran Premio della Lotteria der Formel 2, als der Monoposto von Jean-Pierre Jaussaud über seinen Kopf hinwegflog. Es geschah schließlich im Juni 1968, dass Baghetti in die Boxen zurückfuhr und seinen Rücktritt verkündete. Er heiratete Cristina Vianini, die Schwester von Andrea, einem argentinischen Piloten, und wurde Vater seines über alles geliebten Sohnes Aaron. Nachdem er den Job als Rennfahrer an den Nagel gehängt hatte, wurde er Journalist und Fotograf, ohne aber ganz darauf zu verzichten, an Gleichmäßigkeitsfahrten mit Serienwagen teilzunehmen. Zum großen Bedauern all derjenigen, die ihn kannten, verstarb er 1995 nach kurzer schwerer Krankheit.

Der Mailänder Baghetti beim Großen Preis von Frankreich in Reims 1961. Er ist der bisher einzige Rennfahrer, der bei seinem Debüt einen Grand Prix der Formel 1 gewonnen hat.

GIANCARLO BAGHETTI *MAILAND 25.12.1934*
MAILAND 27.11.1995

BESTRITTENE GP *21*
F-1-SIEGE *1*

DUNOP

JACKIE STEWART

Während seiner Schulzeit nannten ihn alle nur John Young und er machte eine schwere Zeit durch, nach seiner Aussage sogar die schwerste Zeit seines Lebens. Derjenige, aus dem später einmal Jackie Stewart werden sollte, war als Kind Legastheniker und konnte deshalb nach seinem 16. Geburtstag die höhere Schule nicht weiter besuchen. Seine Eltern hatten ein Autohaus im schottischen Milton. Sein Bruder Jimmy war schon mit einigem Erfolg Rennen gefahren und konnte sich 1953 in die Startreihe des Großen Preises von England einreihen. Für den jungen Jackie, der im Juni 1939 geboren wurde, kam die Revanche für die demütigende Schulzeit recht schnell, denn er verfügte über eine außergewöhnlich gute Auge-Hand-Koordination und entdeckte schon mit 13 Jahren sein großes Talent im Tontaubenschießen. Seine Karriere als Tontaubenschütze brachte ihn sehr weit nach oben; er war so gut, dass er die Berufung in die Nationalmannschaft für die Olympischen Spiele 1960 in Rom nur ganz knapp verpasste.

Stewart arbeitete im Geschäft der Eltern und war auch ein sehr guter Autofahrer, so gut, dass ihm die Möglichkeit geboten wurde, die Rennwagen eines Kunden in Oulton Park zu testen. Die Probefahrt verlief sehr erfolgreich, aber es war nicht einfach, die Familie zu überzeugen, vor allem die Mutter, in Anbetracht der Tatsache, dass sein Bruder Jimmy in Le Mans einen schweren Unfall gehabt hatte. Mit den Wagen von Barry Filer, einem Kunden des Autohauses, begann Stewart, sich einen guten Namen mit geschlossenen Rennwagen zu machen. Zu jener Zeit lernte er Helen McGregor kennen, deren Eltern eine Bäckerei in der Stadt hatten. Sie passten so gut zusammen, dass sie nach zwei Jahren heirateten. Die 1962 geschlossene Ehe sollte eine der glücklichsten überhaupt und durch die Geburt der beiden Söhne Mark und Paul noch gekrönt werden.

1963 wurde Jackie von der Ecurie Ecosse engagiert und siegte weiterhin auf verschiedenen Fahrzeugtypen, bis er zu Jahresende nach Goodwood berufen wurde, um den neuen Formel-3-Cooper des Teams von Ken Tyrrell zu testen. Er war sofort schneller als der schon erfahrene Bruce McLaren, der daraufhin auf die Strecke zurückkehrte, um seine Zeiten zu verbessern. Es gelang ihm zwar, aber Jackie überstrahlte seine Leistung nochmals und verdiente sich vor Ort das Engagement für die Englische Meisterschaft der Formel 3 im Jahr 1964. So begann die enge Verbindung mit einem der größten Talentscouts aller Zeiten. Die Kampagne war triumphal, mit sieben Siegen in zehn Rennen. 1965 war Jackie schon in der Formel 1 bei BRM, zusammen mit dem erfahrenen Graham Hill. Niemand wunderte sich darüber, dass er sich sofort unter den Besten befand und diverse renommierte Platzierungen erreichte, bevor er den ersten Großen Preis in Monza genau vor Hill gewann. Im darauffolgenden Jahr siegte er in Monte Carlo und wäre auch aus dem 500-Meilen-Rennen in Indianapolis als Sieger hervorgegangen, wenn ihm nicht ein Defekt der Benzinleitung nur acht Runden vor dem Ende einen Strich durch die Rechnung gemacht hätte.

Doch 1966 kam es beim Großen Preis von Belgien in Spa zur Wende. Stewart kam mit seinem BRM wegen eines plötzlichen Regengusses in der Masta-S-Kurve von der Piste ab und blieb in seinem Wagen innerhalb des verbogenen Rahmens gefangen. Er befürchtete, eine Rückenmarksverletzung erlitten zu haben, aber

Mit seinem außergewöhnlichen Talent gelang es Jackie Stewart, als Rennfahrer die Probleme zu überwinden, die ihm seine Legasthenie in der Schulzeit bereitet hatte.

JACKIE STEWART	DUMBARTON 11.6.1939
BESTRITTENE GP	99
F-1-SIEGE	27
POLEPOSITIONS	17
F-1-WELTMEISTER	1969, 1971, 1973

Jackie auf dem Podest in Zandvoort nach einem der sechs Siege, die ihm seinen ersten Weltmeistertitel mit Matra-Ford 1969 einbrachten.

glücklicherweise war es lediglich ein Schlüsselbeinbruch. Seit jenem Moment wurde er zum unermüdlichen Kämpfer für mehr Sicherheit, mit der starken Unterstützung des Fahrerverbands und vor allem seines Freundes Jochen Rindt. Er forderte Leitplanken, Schutzvorrichtungen, medizinische Versorgung und spezialisierte Rennkommissare und wurde nicht überall dafür geschätzt, vor allem, weil seine Forderungen beträchtliche Ausgaben vonseiten der Organisatoren nach sich zogen. Ein Teil der Presse war zudem der absurden Meinung, dass das Ausbleiben von Risiken die Schwierigkeiten verringere und somit den weniger »talentierten« Fahrern einen Vorteil verschaffe. Die sich wiederholenden Tragödien der kommenden Jahre bestätigten jedoch das Ansinnen Stewarts, der zu Recht darauf bestand, dass die Piloten für ihr Talent bezahlt werden müssten und nicht für die Risiken, die sie eingingen. Er fügte hinzu, dass wohl niemand von dem damals sehr populären Sänger Tom Jones verlangen würde, das Risiko einzugehen, einen Stromschlag von seinem Mikrofon zu bekommen.

Oben Der schottische Champion mit dem monegassischen Fürstenpaar Grace und Rainier bei der Siegerehrung, nachdem er 1966 den Großen Preis von Monte Carlo am Steuer des BRM gewonnen hatte.

Nach drei Jahren bei BRM war der Zeitpunkt für einen Wechsel gekommen. Ken Tyrrell, mit dem Jackie schon 1967 in der Formel 2 Rennen gefahren war, bot ihm hierfür die Gelegenheit. Der englische Manager kümmerte sich um die Matra-Monopostos, die von den neuen V8-Motoren von Ford angetrieben wurden. Sein Pilot gewann drei Grands Prix und vollführte eine legendär gewordene Aktion am Nürburgring, der vielleicht gefährlichsten Piste von allen. Bei strömendem Regen verwies er Hill auf den zweiten Platz, mit einem Zeitabstand von mehr als vier Minuten. Dieser unter schweren und extrem gefährlichen Bedingungen errungene Sieg machte seine Kampagne für mehr Sicherheit noch glaubwürdiger.

Stewart hatte im Cockpit mittlerweile das Erbe seines Freundes Jim Clark angetreten. Während der Rennen war er immer ruhig und entspannt, mit einer fantastischen Kontrolle über den Wagen, die es ihm erlaubte, mit höchsten Geschwindigkeiten zu fahren, dabei aber weniger als die anderen zu riskieren. Außerhalb des Wagens begann er, sein Image kommerziell zu nutzen, und man kann ihn als den ersten professionellen Rennfahrer der heutigen Zeit bezeichnen. Er wurde hierfür kritisiert und auch für die Verlegung seines Wohnsitzes in die Schweiz – aus, wie man behauptete, steuerlichen Gründen. Auf jeden Fall war und ist er ein Freund der englischen Königsfamilie, noch bevor ihm im Jahr 2001 der Adelstitel Knight Bachelor verliehen wurde.

Seine Klasse brachte ihm 1969 den Weltmeistertitel ein, bevor Matra beschloss, alles selbst zu machen. Tyrrell kaufte 1970 einen der neuen March, einen Monoposto, der für die damalige Zeit unfahrbar war. Und trotzdem gelang es Jackie, als Einzigem aus einer Reihe von Kollegen mit demselben Wagen, zu siegen, beim Großen Preis von Spanien. Am Ende des Jahres debütierte das Tyrrell-Team, und es begann eine triumphale Zeit mit den Weltmeistertiteln von 1971 und 1973. Stewart hatte beschlossen, sich zum Ende jenes Jahres zurückzuziehen. Das Team hatte mit François Cevert schon seinen Nachfolger festgelegt, der aber bei den Probefahrten zum Finale des Großen Preises in Watkins Glen auf tragische Weise von der Piste abkam und starb. Jackie zog sich vom letzten Rennen zurück, nachdem er 27 der 99 Grands Prix, an denen er teilgenommen hatte, gewinnen konnte. Als fähiger Geschäftsmann hatte er auch im Nachhinein großen Erfolg: als TV-Kommentator, als Berater und sogar als Eigentümer eines Formel-1-Rennstalls in den Jahren 1997 bis 1999, zusammen mit seinem Sohn Paul.

Der Tyrrell 003 mit Stewart beim Großen Preis von Spanien auf dem Circuit de Montjuïc. Jackie errang dort 1971 den ersten Sieg – in einer Saison, die durch seinen Weltmeistertitel gekrönt werden sollte.

RINDT

JOCHEN RINDT

Der von Jochen Rindt aufgestellte Rekord ist einer der traurigsten der Formel-1-Geschichte. Tatsächlich ist er der einzige Rennfahrer, dem posthum der Weltmeistertitel verliehen wurde. Der österreichische Champion wird als einer der stärksten Piloten seiner Zeit angesehen, auch wenn seine Karriere mit insgesamt gut zehn Jahren nur von kurzer Dauer war. Jochen kam 1942 in Mainz zur Welt und war nur 15 Monate alt, als er seine Eltern bei einem Bombenangriff in Hamburg verlor. Er wuchs bei seinen Großeltern in Graz auf und konnte zu seinem Glück auf eine ansehnliche Erbschaft aus dem Familienbetrieb zählen. Sobald es ihm möglich war, mit 18 Jahren, begann er, Rennen mit Tourenwagen zu fahren, und wechselte kurz darauf in die Formel Junior. 1963 präsentierte er sich in Monte Carlo mit seinem Cooper im Schlepptau eines feuerroten Jaguar E, bekleidet mit roten Hosen und einem rosafarbenen Hemd. Sicher ist so auch Nina auf ihn aufmerksam geworden, ein schönes finnisches Fotomodell, Tochter des in die Jahre gekommenen und wohlhabenden Rennfahrers Curt Lincoln, der bei jener Gelegenheit einer der Rivalen von Rindt war. Zwischen Jochen und Nina sprang sofort der Funke über, sodass sie sehr schnell Eheleute wurden.

Jochen fuhr extrem schnell, kühn und mit einem ungestümen Fahrstil, der ihm die Unterstützung der österreichischen Ford-Mannschaft einbrachte, woraufhin er 1964 in der Formel 2 debütieren konnte. Schon bei seinem ersten Rennen in Mallory Park stand er auf der Poleposition und wurde Dritter, hinter den Lotus-Monopostos eines gewissen Jim Clark und von Peter Arundell. Am Tag darauf gewann er die zweite Qualifikationsrunde und das Finale vor Graham Hill. Auf der Rennstrecke fuhr er auf spektakuläre Weise mit legendären Drifts und erntete so den stürmischen Beifall der Zuschauer. Schon im selben Jahr konnte er in der Formel 1 debütieren, beim Heimspiel des Großen Preises von Österreich in Zeltweg, bevor er 1965 von Cooper in der höchsten Kategorie fest engagiert wurde. Doch der größte Erfolg des Jahres gelang ihm in Le Mans, mit dem Sieg des 24-Stunden-Rennens auf einem Ferrari 250 LM des amerikanischen Teams von Luigi Chinetti, zusammen mit Masten Gregory, wobei aber er selbst den größten Teil des Rennens bestritten hatte.

Rindt erreichte bei der Formel-1-Weltmeisterschaft im Jahr 1966 einen fast unglaublichen dritten Platz am Steuer des schweren Coopers mit Maserati-Motor. 1967 dominierte er buchstäblich die Formel-2-Meisterschaft und gewann acht Rennen, ohne aber hierfür Wertungspunkte sammeln zu können, weil er nicht mehr als Formel-2-Fahrer eingetragen war. Nach dem bei Brabham verbrachten Jahr 1968 wählte Rindt Bernie Ecclestone als Manager und wurde für die darauffolgende Saison von Lotus engagiert. Er legte großes Augenmerk auf die Verwaltung der Finanzen und nutzte jede Gelegenheit, um seine Einkünfte aufzurunden. Er und Bernie Ecclestone analysierten lange Zeit das Für und Wider eines Wechsels zu Lotus, die wenig robuste und somit gefährliche Monopostos einsetzten, dafür aber mit besseren Erfolgsaussichten aufwarten konnten. Außerdem begann Rindt, es als belastend zu empfinden, noch nie auf das höchste Treppchen gestiegen zu sein. Das Verhältnis zwischen ihm und Colin Chapman, dem genialen Eigentümer von Lotus, war aber nicht gerade harmonisch. Jochens offene und direkte Art störte Chapman gehörig, ebenso mochte er es nicht, ständig Vorschläge zur Verbesserung der

Jochen Rindt ist der einzige Weltmeister, dem es leider nicht vergönnt war, zu erfahren, dass er Weltmeister geworden war.

JOCHEN RINDT — MAINZ 18.4.1942 / MONZA 5.9.1970

BESTRITTENE GP	60
F-1-SIEGE	6
POLEPOSITIONS	10
F-1-WELTMEISTER	1970

Colin Chapman im Gespräch mit Rindt, der sich in den Boxen eine Zigarettenpause gönnt. Im Hintergrund misst Nina, Jochens Ehefrau, die Zeiten der Gegner auf der Strecke.

Wagen von Rindt zu erhalten. Die Befürchtung, dass der Lotus zu zerbrechlich sein könnte, bewahrheitete sich bei einem Unfall in Spanien, als einer der Heckflügel abbrach und Rindt ins Krankenhaus beförderte, mit Verletzungen im Gesicht und einem Nasenbeinbruch. Nach verschiedenen Polepositions, ein paar Ausfällen und einigen Siegen in der Formel 2 kam in Watkins Glen endlich der so lang ersehnte Erfolg bei einem Grand Prix.

Für 1970 hatte Lotus einen revolutionären Wagen vorbereitet, den 72er, der über seitliche Kühlungskästen und einen keilförmigen

nen, musste er einen Fahrfehler Jack Brabhams in der letzten Kurve ausnutzen. Nach jenem Rennen ließ der neue Lotus alle anderen Monopostos auf einmal alt aussehen und Jochen gewann in den Niederlanden, in Frankreich, in Großbritannien und in Deutschland. Der Große Preis der Niederlande war leider überschattet durch den tödlichen Unfall von Piers Courage, einem guten Freund von Rindt und Jackie Stewart, welcher in der Zwischenzeit sein Nachbar geworden war und sich gemeinsam mit Rindt für die Verbesserung der Sicherheit in der Formel 1 einsetzte. Als sie in

Rindts erster Sieg mit dem revolutionären Lotus 72 beim Großen Preis von Frankreich in Clermont-Ferrand 1970. Für den Österreicher war es ein triumphales und zugleich tragisches Jahr.

besorgt über so viele glückliche Umstände. Anscheinend hatte er schon beschlossen, sich zu Jahresende zurückzuziehen, nach dem Erhalt des Titels einer Weltmeisterschaft, die schon zu viele tödliche Unfälle gefordert hatte, bei denen er praktisch »assistieren« musste. Auch hatte er den Wunsch, die Entwicklung der kleinen Natascha, die kurz zuvor auf die Welt gekommen war, aus der Nähe zu verfolgen. Die italienische Strecke war die schnellste der ganzen Meisterschaft, mit einer durchschnittlichen Rundengeschwindigkeit von fast 245 km/h, und es wurde beschlossen, die Flügel seines Lotus 72 abzunehmen, um dessen Geschwindigkeit auf der Geraden zu erhöhen. Während des Qualifyings am Samstag fuhr Rindt mit einer Geschwindigkeit von 280 km/h in den Bremsbereich zur Parabolica-Kurve ein, wobei er sich seltsamerweise rechts außen befand. Der Lotus schleuderte beim Bremsen, schwenkte plötzlich nach links und prallte in die Leitplanken. Der Wagen wurde beim Aufprall auseinandergerissen und die Unfallfolgen wurden durch die Angewohnheit Rindts, den Sicherheitsgurt im unteren Bereich nicht anzulegen, noch verschlimmert. Er hätte den Unfall in keinem Fall überleben können, aber durch das Vorrutschen im Sitz wurde seine Halsschlagader durch den oberen Teil des Gurts durchtrennt. Rindt war praktisch sofort tot, ohne zu ahnen, dass er einige Wochen später Weltmeister geworden wäre, weil Jacky Ickx, sein nächster Rivale in der Fahrerwertung, seinen Punktestand nicht einholen konnte.

PIERS COURAGE

Piers war der Erbe einer Bierbrauerdynastie und ältester Sohn des Vorsitzenden des Unternehmens Courage. Seine Leidenschaft für Autorennen entstand am Eton College, wo er die höhere Schule besuchte. Es begann mit einem Buch über den Sieg von Bentley in Le Mans und führte dazu, dass er sämtliche Automobilsport-Zeitschriften verschlang. Wenn er sonntags nach Hause kam, stieg er in den Morris seiner Mutter, um mit höchstmöglicher Geschwindigkeit auf den Landebahnen der RAF auf deren Flughafen in Chalgrove herumzurasen. Er begann auf einem vom Vater finanzierten Lotus Seven, Rennen zu fahren, was aber gleichzeitig die letzte finanzielle Unterstützung war, die Piers dafür erhalten sollte. Mit fester Entschlossenheit wählte er den Beruf des Rennfahrers und versuchte, sich selbst zu finanzieren, anstatt als nächste der sechs Generationen das große Familienunternehmen weiterzuführen. Während der Rennen machte er seinem Namen alle Ehre, denn er riskierte oft mehr als notwendig und hatte mehrmals Dreher. Außerhalb der Rennen begann er, sich mit Jonathan und Frank Williams anzufreunden, zwei Rennfahrern, die beide denselben Nachnamen trugen, aber nicht miteinander verwandt waren. Zusammen mit Jonathan gründete er eine Mannschaft, die Anglo-Swiss, um 1964 bei der Europameisterschaft der Formel 3 mit Lotus-Monopostos anzutreten. Ein zweiter Platz in Zandvoort und ein dritter in Reims überzeugten ihn davon, auch im darauffolgenden Jahr in dieser Kategorie mitzufahren. 1965 fuhr er zusammen im Team mit Frank Williams auf einem Brabham, der in Silverstone, Goodwood, Caserta und Reims den Sieg brachte. Zu Jahresende wurde er von Jim Clark persönlich mit dem Grovewood Award geehrt, mit dem der größte Hoffnungsträger des britischen Automobilsports gewürdigt wird.

Seine Karriere ging mit Lotus in der Formel 3 weiter und er konnte, trotz der eindeutigen Überlegenheit der Brabham-Wagen, durch einige Siege in dieser Kategorie auf sich aufmerksam machen. 1966 debütierte er sogar beim Großen Preis von Deutschland mit einem Formel-2-Wagen, der wie andere Wagen dieser Kategorie zugelassen wurde, um die eher lichte Startreihe aufzufüllen. Piers konnte sehr schnell fahren, riskierte aber oft zu viel und so ruinierte er sein Formel-1-Debüt durch einen Unfall. 1967 stieß er zu BRM und nahm mit der offiziellen Mannschaft an Rennen in Südafrika und in Monte Carlo teil. In Kyalami drehte er sich mehrmals mit dem Wagen und in Monte Carlo kam er von der Piste ab und musste aufgeben. BRM ließ ihn gehen und Piers musste sich mit der Formel 2 begnügen, wo er einen McLaren des Teams von John Coombs fuhr. Es gelang ihm, einige gute Resultate zu erzielen, aber er sammelte auch eine ganze Reihe schwerer Unfälle in Pau, Pergusa und Brands Hatch, weil er sich zu Übertreibungen hinreißen ließ. Coombs riet ihm vom Rennfahren ab, aber Courage war natürlich ganz anderer Meinung. Er war entschlossen, seinen guten Ruf wiederherzustellen, und so kaufte er den McLaren von Coombs und nahm Anfang 1968 als Privatier am Tasman Cup teil. In sieben Rennen hatte er keinen einzigen Unfall, platzierte sich immer in den vorderen Rängen und gewann das letzte Rennen der Serie auf nasser Strecke, vor einem gewissen Jim Clark. BRM holte ihn wieder in die Formel 1 zurück und Piers fuhr gleichzeitig Rennen in der Formel 2, im Team mit seinem alten Freund Frank Williams, der zu jener Zeit noch am Anfang seiner Karriere als Teammanager stand.

Piers Courage gefiel jedem, wegen seiner offenen Art, seinem Sinn für Humor und seinem Charme. Als kultivierter Mensch interessierte er sich für Literatur und Musik und hörte in ruhigen Momenten gern die Stücke klassischer Komponisten. 1966 hatte er Sally Curzon geheiratet, ein faszinierendes blondes Fotomodell, die ihm zwei Söhne schenkte, Jason und Amos. Sally war ihm eine große Hilfe, auch finanziell, als er schwierige Zeiten durchzustehen hatte, denn er musste auf das Familienerbe verzichten, um seiner Berufung als Rennfahrer folgen zu können. Unter den Kollegen hatte er sich mit Bruce McLaren und vor allem mit Jochen Rindt angefreundet. Letzteren kannte er schon aus den Zeiten bei der Formel 3 sehr gut. 1968 schien es, als habe er sich als Pilot gewandelt, und er konnte einige gute Platzierungen mit BRM erreichen, gekrönt durch den vierten Platz beim Großen Preis von Italien in Monza. Die Freundschaft mit Frank Williams wurde so eng, dass er 1969 sogar auf ein Angebot von Lotus verzichtete, nur um im Team von Williams in der Formel 1 fahren zu können. Mit dem Brabham des Teams kam er sofort auf den zweiten Platz in Monte Carlo, ein Resultat, das er beim vorletzten Rennen der Saison, beim Großen Preis der USA in Watkins Glen, nochmals erreichte. Abgesehen von einem Abkommen von der Strecke am Nürburgring verlief das ganze Jahr ohne Unfälle. Er fuhr nun einen sauberen Stil und die Ergebnisse ließen auch in der Formel 2 nicht länger auf sich warten, wo er ebenfalls mit einem von seinem Freund Frank vorbereiteten Brabham fuhr. Er kam zweimal auf den dritten Platz und gewann vor allem den Gran Premio del Mediterraneo in Pergusa.

Anschließend wurde er nach Maranello eingeladen, wo man ihm für 1970 die Möglichkeit bot, bei Ferrari zu fahren, zusammen mit Jacky Ickx. Frank Williams, der immer auf der Suche nach Kapitalgebern war, hatte in der Zwischenzeit Anschluss an Alejandro de Tomaso gefunden, einen argentinischen Industriellen, der in Modena eine Sportwagenproduktion gegründet hatte. Hinter Ferrari lagen zwei schwierige Saisons und Piers hatte zudem die Probleme seines Freundes Jonathan Williams in Maranello miterlebt. So beschloss Courage, den von Frank Williams betriebenen De Tomaso-Ford zu fahren, und unterschrieb zusätzlich einen Vertrag mit Autodelta, um mit einem Alfa Romeo-Prototyp Sportwagenrennen zu fahren. Leider sollte sich sein neuer Monoposto als schwer, langsam und unzuverlässig und weitab von den Standards erweisen, die ihm sein Brabham im Jahr zuvor geboten hatte. Er beendete keinen einzigen der vier Grands Prix, die vor jenem lagen, der für Juni in den Niederlanden eingeplant war. In Zandvoort befand sich Piers in der 23. Runde auf der vielversprechenden siebten Position, als sein De Tomaso-Ford beim Herausbeschleunigen aus einer schnellen Kurve ausbrach. Der Wagen überschlug sich und ging in Flammen auf, die sich durch das in dem Monoposto zur Gewichtsverringerung verbauten Magnesium noch stärker entwickelten. Courage hatte schon den Helm verloren, der später in der Nähe des Autowracks gefunden wurde. Die Reifenspuren auf dem Körper von Piers ließen darauf schließen, dass er wahrscheinlich durch ein Rad am Kopf getroffen worden war. Vielleicht war er schon tot, bevor der Wagen in Flammen aufging.

Courage hatte den Mut, seine gesicherte finanzielle Situation aufzugeben, um seiner Leidenschaft zu folgen. Er war der erste Rennfahrer des Teams von Frank Williams.

PIERS COURAGE *COLCHESTER 27.5.1942*
ZANDVOORT 21.6.1970

BESTRITTENE GP *27*

JACKY ICKX

Er ist nie Formel-1-Weltmeister geworden, aber er kann als einer der besten Rennfahrer aller Zeiten angesehen werden, ein vielseitiges Talent, das auf jeder Art von Fahrzeug und bei jedem Wettbewerb gewinnen konnte – seien es Touren- oder Grand-Prix-Wagen, seien es die 24-Stunden-Rennen von Le Mans oder gar die Rallye Paris–Dakar. Jacques Bernard Ickx, besser bekannt als Jacky, kam am ersten Tag des Jahres 1945 in Brüssel auf die Welt. Er ist der Sohn eines bekannten belgischen Motorsport-Journalisten, der sein Kind oft zu Rennen mitnahm. Als er ein Zündapp-Moped geschenkt bekam, begann Jacky selbst mit dem Motorsport und nahm an Trial-Rennen teil. Er hatte sofort Erfolg und wurde dreifacher Belgischer Meister, bevor er 1965 auf vier Räder umstieg, nämlich einen Lotus Cortina. Im Alter von 21 Jahren gewann er das renommierte 24-Stunden-Rennen von Spa auf einem BMW zusammen mit Hubert Hahne und fing auch an, mit Sportwagen Rennen zu fahren. Ken Tyrrell wurde auf ihn aufmerksam und engagierte ihn für seine Matras in der Formel 2, nachdem er kurz zuvor Jackie Stewart protegiert hatte. Ickx nahm mit dem Matra noch im selben Jahr an seinem ersten Großen Preis am Nürburgring teil. Auch im Jahr darauf mussten die noch lichten Startreihen der Grands Prix in Deutschland mit den kleineren Monopostos aufgefüllt werden. Und so flog der kleine Matra 1967 auf dem Nürburgring regelrecht in den Händen von Jacky, der im Training die drittschnellste Zeit erreichte und beim Rennen von der siebzehnten Position auf die vierte gekommen war, bevor er aufgeben musste.

Bei seinem Debüt mit Ferrari gewann Jacky beim Großen Preis von Frankreich in Rouen, bei strömendem Regen und überschattet durch den Unfall Jo Schlessers. In der Zwischenzeit fuhr er Langstreckenrennen auf dem Ford GT40 von John Wyer und siegte in Brands Hatch, Spa, Watkins Glen und Kyalami. Schon zu jener Zeit zeigte sich sein unabhängiger, fast schon rebellischer Charakter, und als Stewart und Rindt Vorreiter des Sicherheitsdenkens wurden, verweigerte er die Unterstützung. In reifem Alter gestand er einmal, dass er, wie alle anderen auch, immer davon ausgegangen sei, dass ihm niemals ein Unfall passieren könne. Trotzdem war er dem Thema Sicherheit gegenüber nicht unsensibel. Bis 1969 mussten die Fahrer in Le Mans von einer Seite der Piste zur anderen rennen, bevor sie in ihre Wagen einsteigen konnten, und so schnell wie möglich losfahren, natürlich ohne den Sicherheitsgurt anzulegen. Mit einer aufsehenerregenden Geste lief Jacky in aller Seelenruhe über die Startlinie, stieg in seinen GT40, legte den Sicherheitsgurt an und fuhr mit Abstand als Allerletzter los. Jenes 24-Stunden-Rennen ging in die Geschichte ein, wegen seiner unglaublichen Aufholjagd, bei der Jacky in der letzten Runde auch noch den Porsche von Hans Herrmann überholte. Zusammen mit Jackie Oliver holte er sich den ersten seiner sechs Siege in Le Mans. Im Jahr darauf wurde der berühmt-berüchtigte »Le-Mans-Start« abgeschafft.

Jacky war in der Formel 1 zu Brabham gewechselt und gewann den Großen Preis von Deutschland am Nürburgring und den von Kanada in Mosport. 1970 kehrte er zu Ferrari zurück, um sowohl Formel-1- als auch Sportwagen-Rennen zu fahren. Nach dem Unfall Jochen Rindts in Monza war er der Einzige, der in der Lage gewesen wäre, den Österreicher in der Weltmeisterklassifikation zu überholen, aber er akzeptierte fast mit Erleichterung

Das gelöste Lächeln von Jacky Ickx nach dem Sieg des 24-Stunden-Rennens von Le Mans 1969. Er war ein Allround-Rennfahrer, der auch bei der Rallye Paris–Dakar erste Plätze erreichen konnte.

JACKY ICKX *BRÜSSEL 1.1.1945*

BESTRITTENE GP	*114*
F-1-SIEGE	*8*
POLEPOSITIONS	*13*

Der wenig konkurrenzfähige Wolf-Williams FW05, mit dem der belgische Rennfahrer 1976 vier Grands Prix bestritt. Seine Formel-1-Karriere war zu jenem Zeitpunkt schon am Ausklingen.

das Problem mit der Benzinzufuhr, das ihn in Watkins Glen zum Ausscheiden zwang. Er wusste nicht, dass dies die letzte Gelegenheit für ihn gewesen wäre, Weltmeister zu werden. Trotz der triumphalen Saison mit den Prototypen im Jahr 1972, was Ferrari den Weltmeistertitel gebracht hatte, bekam das Verhältnis zum Hause in Maranello einen Riss. Die Siege in Zandvoort im Jahr 1971 und am Nürburgring im Jahr darauf reichten nicht aus, um die Gemüter wieder zu beruhigen. Ickx gefiel es vor allem, Rennen zu fahren, und wenn er zum Training einberufen wurde, sendete er so manches Mal Krankmeldungen, um seine Abwesenheit zu rechtfertigen. Bei Ferrari fingen man an, ihn »Pierino la peste«, Pierino der Lausbub, zu nennen, wegen seines trotzigen Verhaltens. Er hatte in der Zwischenzeit Catherine Blaton, die Tochter eines belgischen Bauunternehmers, geheiratet.

Bei Ferrari liefen 1973 die Dinge in der Formel 1 derart schlecht, dass man sogar dem Großen Preis von Deutschland fernblieb, an welchem Ickx hingegen auf einem McLaren teilnahm. Es war das Vorzeichen für das Ende der Zusammenarbeit mit der Modeneser Marke. 1974 ging der Belgier zu Lotus, zusammen mit Ronnie Peterson, aber nach einem ermutigenden, nochmals auf nasser Strecke errungenen Sieg und einem weiteren bei einem nicht zur Weltmeisterschaft zählenden Rennen in Brands Hatch holte er nur den dritten Platz beim Großen Preis von England. 1975 war ein katastrophales Jahr für Lotus und im darauffolgenden landete Jacky bei Wolf-Williams, bevor er sich mit Ensign begnügte und sich beim letzten Rennen des Jahres in Watkins Glen auch noch den Knöchel brach. Mit den Prototypen fingen die Dinge wieder an, besser zu laufen, und er gewann

Ickx errang sechs seiner acht Siege in der Formel 1 am Steuer eines Ferrari. Den letzten Sieg holte er sich 1972 beim Großen Preis von Deutschland auf dem Nürburgring.

viele Rennen, darunter unter anderem eine wunderbare dreifache Siegesserie beim 24-Stunden-Rennen in Le Mans von 1975 bis 1977. 1979 brach sich Patrick Depailler beide Beine und Ickx wurde aufgefordert, ihn auf einem Ligier zu ersetzen, einem der besten Monopostos jener Zeit. Trotzdem konnten diese Fahrzeuge mit dem Bodeneffekt nicht den präzisen Fahrstil des Belgiers unterstützen und so erhielt er nur ein paar Platzierungen, bevor er definitiv Schluss machte mit der Formel 1.

Bei Langstreckenrennen hingegen lief seine Karriere weiterhin sehr erfolgreich. 1979 gewann er die Can-Am-Meisterschaft mit einem Lola. 1981 triumphierte er zum fünften Mal beim 24-Stunden-Rennen in Le Mans, mit einem Porsche und mit Derek Bell als Beifahrer. Das gleiche Fahrerteam wiederholte den Erfolg im Jahr darauf und Ickx wurde in dieser Kategorie Weltmeister, auch dank einer Reihe weiterer Siege in Spa, Fuji und Brands Hatch. Er blieb bis 1985 erfolgreich bei Porsche, um sich dann von Rennstrecken zu verabschieden – auch, weil er den tödlichen Unfall von Stefan Bellof sehr bedauerte, der beim 1000-km-Rennen in Spa beim Versuch, ihn an der Außenlinie der Eau Rouge-Kurve zu überholen, verunglückt war.

Er machte mit der Rallye Paris–Dakar weiter, an der er 1981 teilnahm und 1983 auf einem Mercedes siegte, zusammen mit dem Schauspieler Claude Brasseur als Beifahrer. Vor nicht allzu langer Zeit hat er nochmals geheiratet, und zwar die afrikanische Sängerin Khadja Nin. Er ist den Problemen des Lebens und der Welt gegenüber offener geworden und sozial engagiert, ohne dabei aber seine große Leidenschaft für Autos und Rennen zu verlieren.

FRANÇOIS CEVERT

Er galt Anfang der 1970er-Jahre nicht nur als der schönste Pilot der Formel 1, sondern auch als potenzieller Champion, der in der Lage gewesen wäre, 1974 das Erbe von Jackie Stewart bei Tyrrell anzutreten. Cevert ist der Familienname der Mutter von François. Sein Vater, Charles Goldenberg, war ein jüdischer Juwelenhändler, der während des Krieges und der Besatzungszeit durch die Nazis die Mutter seiner drei Kinder nicht heiratete, um deren Verfolgung zu verhindern. Nach Kriegsende, als sich die Familie wieder in Sicherheit befand, erkannte Goldenberg die Vaterschaft zwar an, aber die Kinder behielten dennoch den Nachnamen Cevert.

François begann früh, seine Freunde mit seiner Vespa herauszufordern, und wechselte später auf ein Norton-Motorrad, mit dem er die Zeiten stoppte, die er für die Fahrt von zu Hause ins Gymnasium benötigte. Er besuchte das Konservatorium und spielte meisterhaft Klavier. Zu jener Zeit gingen er und seine Schwester Jacqueline oft ins Autodrom in Montlhéry, wo Jean-Pierre Beltoise Rennen fuhr. Der war damals Motorradrennfahrer und verlobte sich früh mit Jacqueline, die er dann auch heiratete. Der väterliche Widerstand verlegte die ersten Begegnungen des jungen Cevert mit dem Rennfahren auf einen späteren Zeitpunkt. Erst sollte er volljährig sein und den Wehrdienst geleistet haben. Er war mit Nanou van Malderen verlobt, einer geschiedenen Adeligen, als er sich bei einem Fahrerkurs einschrieb und die Auswahl zum »Volant Shell« zur Förderung junger französischer Rennfahrertalente im Jahr 1966 gewann. Nanou frequentierte zu jener Zeit einen Hellseher, der, wie später auch Jacqueline bestätigte, vorhersagte, dass der Verlobte berühmt werden, aber seinen 30. Geburtstag nicht mehr erleben sollte. François, der diesen Worten natürlich keine Bedeutung beimaß, kommentierte sie nur damit, dass er davor Weltmeister werden würde. Nach seinem Debüt in der Formel 3 im Jahr 1967 wurde er im Jahr darauf Französischer Meister dieser Kategorie. 1969 wurde er von Tecno für die Formel 2 engagiert, wo er ein titelfreies Rennen in Reims nach einem Duell mit Jackie Stewart gewann. Der schottische Champion und sein Manager Ken Tyrrell wurden so auf den schönen Franzosen aufmerksam, der auf das höchste Treppchen gestiegen war. Dieser Sieg tröstete François auch über die Trennung von Nanou hinweg, die ihm treu zur Seite gestanden hatte in all den, auch finanziell gesehen, schwierigen Jahren, denn sein Vater Charles hatte ihm nach dem Start als Rennfahrer die Unterstützung gekappt.

Die große Wende in seiner Karriere kam 1970, als Ken Tyrrell, der mit March in der Formel 1 fuhr, plötzlich Johnny Servoz-Gavin ersetzen musste, aufgrund eines Motocrossunfalls, der diesem einen Teil seines Augenlichts genommen hatte. Dem stattlichen jungen Mann aus Paris hätte nichts Besseres passieren können, als unter den Fittichen von Ken Tyrrell und der geduldigen Führung eines berühmten Fahrers wie Jackie Stewart zu landen. Schon bei den ersten Runden gab der Schotte dem Dauphin Ratschläge und lehrreiche Hinweise. François hatte einen wunderbaren Charakter und sah aus wie ein Filmstar. Mit seiner besonderen Attraktivität, den dunklen Haaren und den hellblauen Augen ließ er die Herzen der Frauen reihenweise höherschlagen, auch wenn er mit Christina de Caraman zusammen war, wiederum einer geschiedenen Dame adeliger Herkunft. Der March 701 war ein schweres und wenig wettbewerbsfähiges Fahrzeug, aber für Cevert war es 1970 trotzdem grundlegend wichtig, dass er sich dank der Führung durch Jackie Stewart von Runde zu Runde verbessern konnte. Er fuhr einen sauberen und präzisen Stil, so wie es ihm der Schotte angeraten hatte, und es gelang ihm, beim Großen Preis von Italien in Monza unter den ersten sechs Fahrern zu landen.

1971 stand dem Team der neue Tyrrell zur Verfügung und die Ergebnisse schneiten nun herein, nicht nur für Stewart, den Weltmeister zum Ende der Saison, sondern auch für Cevert, der beim Großen Preis der USA in Watkins Glen auf das höchste Treppchen stieg. Dieser Sieg brachte François große moralische Unterstützung und auch eine bedeutende Summe an Geld, als er die Weltmeisterschaft auf dem dritten Platz beendete. Nach zwei Jahren bei Tyrrell war er ein Mitglied der Familie geworden. Ken und seine Frau Nora hatten eine große Vorliebe für ihn und dasselbe galt auch für die Familie Stewart, die ihn wie einen jüngeren Bruder von Jackie aufgenommen hatte. Die Frauen waren noch verrückter nach ihm und die französische Presse dichtete ihm sogar einen Flirt mit Brigitte Bardot an. Schön, aus guter Familie und auch noch berühmt, schwamm Cevert ganz oben auf der Welle. 1972 war aber dennoch ein schwieriges Jahr für Tyrrell, weil Stewart zur Hälfte der Saison ein Magengeschwür bekam, die Rennen deshalb nur defensiv fuhr und lediglich zwei Grands Prix gewinnen konnte. Cevert kam nur dreimal in die Punkteränge und wurde Zweiter in Belgien und ebenfalls in Watkins Glen.

1973 änderte sich die Lage radikal. Der neue Tyrrell, der wegen seiner kurzen Karosserie zwar delikat und zum sauberen Fahrstil Stewarts passend zu fahren war, sollte sich von Anfang an als sehr schlagkräftige Waffe erweisen. Stewart beherrschte die Meisterschaft, oft mit Cevert direkt hinter ihm, und hatte schon beschlossen, sich am Ende der Saison zurückzuziehen. François erreichte fünfmal den zweiten Platz und nach Aussage von

Stewart hätte er ihn als seinen Teamkollegen so manches Mal angreifen und die Rennen vielleicht gewinnen können. Aber daran hatte Cevert niemals ernsthaft gedacht. So kam das letzte Rennen in Watkins Glen, der Piste, die François immer so sehr gefallen hatte. Am Ende des dritten Trainings brach sein Tyrrell beim Versuch, die schnellste Runde zu fahren, in der schnellen Esses-Kurve am Beginn der Strecke aus, wahrscheinlich wegen einer Unebenheit im Asphalt. Der Monoposto kam von der Piste ab und schlug in die Leitplanken ein. Der arme Cevert hatte keinerlei Überlebenschance. Die Zahlenfolge ist für jeden, der an die Gesetze der Zahlen glaubt, beeindruckend: Es war der 6. Oktober, sein Wagen trug die Nummer 6, das Kürzel seines Tyrrell war 006 und die Nummer des Ford-Cosworth-Motors war 066. Cevert hatte es als gutes Vorzeichen gedeutet, um die erste Poleposition seiner Karriere zu erreichen. Vier Monate später, am 25. Februar 1974, wäre er 30 Jahre alt geworden …

Cevert war dazu bestimmt, das Erbe von Jackie Stewart bei Tyrrell anzutreten. Leider verunglückte er 1973 tödlich beim Training in Watkins Glen.

FRANÇOIS CEVERT — PARIS 25.2.1944
WATKINS GLEN 6.10.1973

BESTRITTENE GP	46
F-1-SIEGE	1

CLAY REGAZZONI

Gianclaudio Giuseppe Regazzoni, Jahrgang 1939, arbeitete in der Familienwerkstatt in Mendrisio, als er die Bekanntschaft von Silvio Moser machte, einem Rennfahrer, der ebenfalls im Tessin, dem italienischsprachigen Schweizer Kanton, wohnte. Regazzoni kam erst 1963, im Alter von 24 Jahren, zum Autorennen. Heutzutage wäre es in diesem Alter viel zu spät, um auch nur daran zu denken, in die Formel 1 einzusteigen. Seinerzeit war dem aber nicht so und vor allem konnte man mit Serienwagen beginnen. Seine Karriere startete praktisch senkrecht nach oben, wenn man bedenkt, dass er innerhalb weniger Jahre von alltäglichen Autos direkt in die Formel-3-Wagen der Scuderia Martinelli & Sonvico eingestiegen war und anschließend im Jahr 1967 von Tecno engagiert wurde.

1968 hatte Clay schon eine Familie gegründet. Nach der Hochzeit mit Maria Pia wurde er Vater seines Sohnes Gian Maria. Alessia, die Zweitgeborene, kam kurze Zeit später zur Welt. Das Gewicht der väterlichen Verantwortung wirkte sich aber während der Rennen in keiner Weise aus. Auf der Piste flößte er überall Respekt ein, jedoch nicht ohne Komplikationen. Nach einem erschreckenden Unfall in der Formel 3 in Monte Carlo, bei dem er wie durch ein Wunder unverletzt mit seinem Tecno unter der Leitplanke durchrutschte, war er in der Formel 2 in Zandvoort in einen weiteren Unfall verwickelt, bei dem der Engländer Chris Lambert beim Abkommen von der Strecke tödlich verunglückte. 1969 wurde er sogar von Ferrari engagiert, aber das Programm mit dem Dino in der Formel 2 wurde nicht weitergeführt und Clay kehrte zu Tecno zurück. Doch der Kontakt mit Ferrari war nunmehr geschaffen worden.

1970 setzte Ferrari in der Formel 1 auf Jacky Ickx als ersten Fahrer und schickte mit dem zweiten Wagen abwechselnd Ignazio Giunti und Clay Regazzoni ins Rennen. Nach dem Debüt beim Großen Preis der Niederlande, den er mit dem vierten Platz abschloss, hatte der Schweizer sich das Vertrauen von Enzo Ferrari erworben. In Österreich wurde er Zweiter hinter Ickx, bis dann in Monza sein großer Tag kam. Der Triumph mit Ferrari beim Großen Preis von Italien brachte ihm als Formel-1-Fahrer die definitive Weihe, kurz nach seinem 31. Geburtstag. Diese fantastische Saison wurde durch den Europameistertitel in der Formel 2 mit Tecno besiegelt. Die beiden folgenden Jahre verliefen wechselhaft, mit dem Sieg bei der Prototypen-Weltmeisterschaft auf der einen Seite und nur niedrigen Platzierungen in der Formel 1 auf der anderen. 1973 wechselte Regazzoni zu BRM, während Ferrari eines der schlechtesten Jahre seiner Geschichte durchlief.

Als er wieder nach Maranello gerufen wurde, war er es, der Niki Lauda, seinen Teamkollegen bei BRM, beriet. Clay war der klassische Rennfahrer jener Zeit. Er liebte das gute Leben, war immer zu Scherzen mit seinen Mitstreitern aufgelegt und drückte das Gaspedal bis zum Boden durch, auch beim Fahren auf normaler Straße. 1974 präsentierte sich Ferrari wieder mit einem sehr konkurrenzfähigen Wagen, aber die unvermeidbare Rivalität zwischen Regazzoni und Lauda führte für beide zu diversen Punkteverlusten. Lauda siegte in Spanien und den Niederlanden, Clay am Nürburgring. Beim letzten Großen Preis in Watkins Glen schwebte der Titel zwischen Regazzoni und Emerson Fittipaldi. Die Gelegenheit seines Lebens löste sich aber schon in den ersten Runden des

Der Schweizer Pilot, der auch für seinen unverwechselbaren Schnurrbart bekannt war, blieb nach einem Unfall im Jahr 1980 querschnittgelähmt.

CLAY REGAZZONI	PORZA 5.9.1939 FONTEVIVO 15.12.2006	
BESTRITTENE GP	132	
F-1-SIEGE	5	
POLEPOSITIONS	5	

Rennens in Luft auf, als die vorderen Stoßdämpfer des Ferrari sich unerklärlicherweise verklemmten, sodass Clay keine Chancen mehr hatte. Die Ferrari-Wagen der Jahre 1975 und 1976 erwiesen sich als fabelhaft, aber es war der mittlerweile gut in das Team integrierte Niki Lauda, der diesen Umstand ausnutzen konnte und den ersten Titel gewann, während er den zweiten Titel nach dem schweren Unfall am Nürburgring verlor. Regazzoni gewann 1975 nur in Monza und 1976 in Long Beach. Das Verhältnis mit Ferrari hatte nunmehr Risse bekommen, das konnte man an Ferraris Kritik ablesen, die Clay vorwarfen, er würde sich ein bisschen zu viel vergnügen. Nach zwei Jahren bei Ensign und Shadow wurde Regazzoni von Williams engagiert, als Unterstützung für Alan Jones, aber es war schließlich Clay, der 1979 in Silverstone den ersten Sieg für das Team brachte, das daraufhin zur Legende werden sollte.

Auch wenn er in der Zwischenzeit die Schwelle zu den Vierzigern überschritten hatte, so wollte er dennoch weiter Rennen fahren und kehrte 1980 zu Ensign zurück. In Long Beach, beim Großen Preis der USA, war er an dritter Position, als am Ende der schnellsten Geraden das aus Titan gefertigte Bremspedal zerbrach. Mit kalkulierter Kaltblütigkeit prallte Regazzoni seitlich gegen den Brabham von Zunino, der zwischen ihm und dem direkten Aufprall auf eine Betonmauer stand. Der Ensign knallte mit voller Wucht dagegen. Emerson Fittipaldi, der hinter ihm fuhr, war überzeugt, dass Clay auf der Stelle gestorben sein musste. Stattdessen überlebte er den Unfall, wenn auch mit schlimmsten Verletzungen an der Wirbelsäule und einer daraus folgenden Querschnittlähmung, die ihn für den Rest seines Lebens an den Rollstuhl fesseln sollte. Für Regazzoni begann ein neuer Lebensabschnitt, mit einer gewandelten Auffassung auch dem Leiden anderer gegenüber.

Oben Niki Lauda in Zivilkleidung, Regazzoni und Luca di Montezemolo analysieren die Daten nach einer Testfahrtenserie anlässlich des Großen Preises von Schweden in Anderstorp im Jahr 1975.

Rechts Monte Carlo 1976: Regazzonis Ferrari 312 T2 fährt vor dem Surtees von Alan Jones aus der Noghes-Kurve heraus. In jenem Jahr gewann Clay in Long Beach.

13
durex
Marlboro
Marlboro
Ausonia
HEUER
Agip
2
Agip
GOODYEAR
Agip

Er, der Berühmte und Bewunderte, wurde zum Unterstützer all der vielen Menschen mit Handicap, die er seitdem kennenlernen konnte. Dank spezieller Steuersysteme über die Hände kehrte er wieder zum Autofahren zurück, und nicht nur das, er begann auch, an Rennen teilzunehmen, und zwar an keinem Geringeren als der Rallye Paris–Dakar sowie an Oldtimer-Rennen. Er gründete eine Rennfahrerschule für Menschen mit Handicap und kehrte in der Zwischenzeit auch in die Formel 1 zurück, als Kommentator für das italienische Fernsehen. Seine polemische Ader schwoll mit der Zeit aber immer stärker an und die Kritik an Mosley und Ecclestone nach Sennas Unfall kostete ihn letztendlich den Job beim Fernsehen. Clay war trotzdem weiterhin sehr populär und aktiv beim Organisieren verschiedener Events und Initiativen für behinderte Menschen. Am Abend des 15. Dezember 2006 saß er am Steuer seines Chrysler Voyager, um an einer Veranstaltung in Parma teilzunehmen, als er auf unerklärliche Weise auf der Autobahn gegen eine Leitplanke prallte, nachdem er zuvor einem Lkw aufgefahren war. Er hatte die Angewohnheit, niemals den Sicherheitsgurt anzulegen, und war auf der Stelle tot. Für einen, der wie er immer an der Grenze des Machbaren fuhr, war der Unfall seltsam, denn seine Geschwindigkeit betrug nur um die 120 km/h und er fuhr auf der rechten Spur. Wer ihn gut kannte, ging davon aus, dass er in einen Sekundenschlaf gefallen war, weil er wie üblich sämtliche Anzeichen von Müdigkeit, die sich aus seinen vielen Reisen und seinem nach wie vor hektischen Leben ergaben, ignoriert hatte.

Oben Regazzoni am Steuer des Ensign, mit dem er 1977 in der Formel 1 gefahren war. Er konnte sich bei den Großen Preisen von Argentinien, Italien und den USA auf den Punkterängen platzieren.

Rechts Clay wurde zusammen mit Alan Jones für die Rennen im Jahr 1979 engagiert und konnte zu seiner großen Genugtuung in Silverstone den ersten Grand Prix-Sieg einer langen Serie für Williams erringen.

Marlboro
Marlboro
ALBILAD
28
GOODYEAR

GOODYEAR
Borg-Warner
Marlboro
World Championship Team

EMERSON FITTIPALDI

Papa Wilson wählte den Namen seines zweiten Sohnes zu Ehren des Schriftstellers Ralph Waldo Emerson. Er war Radioreporter, Werbefachmann und leidenschaftlicher Veranstalter von Automobilrennen. Emerson begann mit 13 Jahren, Motorradrennen zu fahren, und musste mit 16 Jahren wieder damit aufhören, als seine Eltern es herausfanden. In der Zwischenzeit fing er an, seinen großen Bruder, Wilson junior, beim Kartfahren als Mechaniker zu begleiten. Als sein Abenteuer mit den Motorrädern ein Ende gefunden hatte, wählte er denselben Weg wie sein Bruder und wurde 1963 und 1964 brasilianischer Kartmeister. Die Fittipaldi-Brüder waren unzertrennlich und begannen, Formel-V-Wagen herzustellen, mit denen Emerson 1967 den Landesmeistertitel errang. Mit dem Geld, das sie durch den Verkauf der Monopostos erwirtschafteten, finanzierte Emerson seine Rennen in Europa. Er landete 1969 in England und zog sofort die Aufmerksamkeit in der Formel Ford und anschließend in der Formel 3 auf sich, wo er neun Rennen gewann und damit die MCD-Lombard-Meisterschaft.

Im Jahr darauf holte er Maria Helena, seine erste Ehefrau, nach England. Sie wunderte sich sehr über die Schwierigkeiten ihres Rennfahrers beim Einparken normaler Autos. Emerson hatte damals schon die langen Koteletten, für die er berühmt war und die gleichzeitig die Spuren der Akne aus seiner Jugendzeit verdeckten. Er hatte hervorstehende Zähne und seine Freunde nannten ihn deshalb »Rato«, die Maus, während sein Bruder Wilson als »Tigrão«, der große Tiger, bekannt war, wegen seiner beeindruckenden Statur. 1970 begann Emerson mit einem halboffiziellen Lotus in der Formel 2 und beendete sämtliche Rennen innerhalb der ersten sechs Ränge, ohne aber ein einziges Rennen zu gewinnen. Colin Chapman erkannte sein Talent und ließ ihn beim Großen Preis von Großbritannien in Brands Hatch debütieren. In Monza passierte der tragische Unfall von Jochen Rindt und so fand sich Emerson unversehens auf dem Platz des Spitzenpiloten von Lotus wieder. Der folgende Große Preis der USA in Watkins Glen war der fünfte seines Lebens und er schloss ihn mit einem glorreichen Sieg ab, der den Senkrechtstart seiner Karriere besiegelte. Nach einer Probesaison mit sehr beachtlichen Ergebnissen im Jahr 1971, darunter ein zweiter Platz in Österreich, dominierte Fittipaldi am Steuer seines Lotus 72 die Weltmeisterschaft des Jahres 1972 mit fünf Siegen und drei Platzierungen auf dem Podest. Im Alter von 25 Jahren wurde er zum bis dahin jüngsten Weltmeister gekürt, auch dank einer bemerkenswerten Reife, die er bei den Rennen an den Tag legte. Emerson hatte großen Respekt vor der Mechanik der Wagen, er war so schnell wie nötig, ohne aber jemals zu übertreiben, und zeigte überlegene taktische Fähigkeiten. Viele waren der Meinung, er habe oft einfach Glück gehabt, aber den größten Teil seiner Erfolge hatte er sich selbst zu verdanken, durch die akribische Vorbereitung der Rennen.

Für das Jahr 1973 engagierte Colin Chapman Ronnie Peterson, der als der schnellste Fahrer jener Zeit galt. Emerson begann die Meisterschaft bestmöglich, mit zwei aufeinanderfolgenden Siegen in Argentinien und Brasilien, und war in Spanien nochmals Erster. Ab diesem Moment begann Jackie Stewart die Aufholjagd und die drei Siege Petersons im Laufe der Saison halfen dem Brasilianer nicht gerade bei der Verteidigung seines Titels. Fittipaldi akzeptierte

Nachdem er zweifacher Formel-1-Weltmeister geworden war, konnte Fittipaldi noch einmal bei den 500 Meilen von Indianapolis nachlegen.

EMERSON FITTIPALDI	SÃO PAULO 12.12.1946
BESTRITTENE GP	144
F-1-SIEGE	14
POLEPOSITIONS	6
F-1-WELTMEISTER	1972, 1974

Die Farben des Lotus 72 und die des Helms von Emerson dominieren ein ganz außergewöhnliches Bild. Wir befinden uns in Clermont-Ferrand im Jahr 1972, in welchem er den ersten Weltmeistertitel errang.

das Angebot von McLaren für das Jahr 1974, in welchem die Ferrari von Regazzoni und Lauda wahrscheinlich die schnellsten Wagen im Fuhrpark waren. In jener Saison wandte er seine hervorragende Taktik an und es gelang ihm, die Partie mit Regazzoni bis zum letzten Rennen in Watkins Glen offenzuhalten. Das Ausscheiden des Ferrari von Regazzoni ebnete ihm den Weg zum zweiten glanzvollen Titel. In der darauffolgenden Saison machte Ferrari einen weiteren Schritt nach vorn und Emerson musste sich mit zwei Siegen begnügen. Den zweiten Sieg holte er sich bei strömendem Regen in Silverstone, als er den Weg zum Ziel abkürzte, während die Rivalen wegen des plötzlich nassen Asphalts einer nach dem anderen von der Piste abkamen. Es war sein letzter Erfolg in der Formel 1. 1975 hatte sein Bruder Wilson mit den Geldern einer brasilianischen Zuckerfabrik das Team Copersucar gegründet und wurde somit auch zum Konstrukteur. Nicht ganz ohne Aufsehen übernahm Emerson 1976 das Steuer des Monopostos auch in seiner Rolle als Mitbesitzer des Teams. Der brasilianische Traum wurde aber schnell zum Albtraum. Nur 1978 gelang es Copersucar, vereinzelt seine Wettbewerbsfähigkeit unter Beweis zu stellen, mit dem zweiten Platz Fittipaldis in Rio de Janeiro vor Heimpublikum und mit guten Platzierungen bei weiteren Grands Prix. Ende 1980, nach dem dritten Platz in Long Beach zu Saisonbeginn, gab Emerson das Rennfahren auf und wurde Chef eines Teams, das sich Ende 1982 aber wieder auflöste.

Die Enttäuschung war groß und wirkte sich auch auf die familiäre Beziehung zu Wilson aus. Nach seiner Rückkehr nach Brasilien

Fittipaldis Boxenstopp im Penske-Chevrolet während des 500-Meilen-Rennens von Indianapolis im Jahr 1989, das der Brasilianer so wie die CART-Meisterschaft gewann.

widmete sich Emerson seinen Orangenplantagen und anderen Geschäften im Automobilbereich. Die Ehe mit Maria Helena war am Ende, trotz der drei Kinder Juliana, Jayson und Tatiana. Doch schon 1984 zündete der Funke wieder und Emerson nahm an einem Rennen der IMSA-Meisterschaft in Miami teil. Man bot ihm an, mit den Monopostos der CART-Meisterschaft Rennen zu fahren, und so kehrte er nach vier inaktiven Jahren ins Cockpit zurück. 1989, im Alter von 43 Jahren, wurde er CART-Meister und gewann mit einem Penske des Patrick-Teams auch die 500 Meilen von Indianapolis, nach einem denkwürdigen Duell mit Al Unser junior im Finale. In der Zwischenzeit hatte er erneut geheiratet und seine Frau Teresa schenkte ihm zwei weitere Kinder, Joana und Luca. Seine Karriere in den Vereinigten Staaten ging mit großem Erfolg weiter. 1993 gewann er nochmals in Indianapolis mit dem offiziellen Penske. Erst mit fast 50 Jahren zog er sich 1996 von den Rennen zurück. Obwohl die Zeit auch für ihn nicht stehen geblieben ist, hat man ihn immer wieder auf der Piste gesehen: 2005 bei den Grand Prix Masters, 2008 bei der brasilianischen GT3-Meisterschaft und nochmals 2014, im Alter von 68 Jahren, beim 6-Stunden-Rennen in Interlagos auf einem Ferrari 458. Nach der Trennung auch von Teresa hat er weitere zwei Kinder von seiner gegenwärtigen Lebensgefährtin Rossana bekommen: Emerson junior und Vittoria. Sein Erbe hat aber sein Enkel Pietro angetreten, der Sohn von Juliana, der erfolgreich Rennen fährt – unter dem Namen Fittipaldi und in den Helmfarben seines Großvaters Emerson.

DAVID PURLEY

In seiner Karriere als Rennfahrer hat David Purley nur die Englische Meisterschaft der Formel 5000 im Jahr 1976 gewonnen. In die Geschichte ist er nicht wegen seiner Erfolge eingegangen, sondern wegen des großen Mutes, den er bewies, als er während des Rennens zum Großen Preis der Niederlande im Jahr 1973 verzweifelt versuchte, den verunglückten Kollegen Roger Williamson zu retten. Purley wurde in Bognor Regis, an der Küste Südenglands, kurz vor dem Ende des Zweiten Weltkriegs geboren. Sein Vater war Besitzer einer Firma zur Herstellung von Kühlschränken mit dem Namen Lec Refrigeration. Als junger Mann begann er, Flugzeuge zu steuern, bevor er den Wehrdienst bei einem Fallschirmspringerregiment in Aden im Nahen Osten ableistete. Purley war Mitte der 1960er-Jahre nicht nur an lokalen Aktionen gegen Aufständische beteiligt, sondern hatte auch einen Unfall beim Fallschirmspringen, durch einen sich nicht vollständig öffnenden Schirm. Mit der Kaltblütigkeit und dem großen Mut, die ihn auszeichneten, gelang es David, diesen Unfall zu überleben. Nach der Rückkehr in die Heimat begann er 1968, Rennen mit einem AC Cobra zu fahren, wozu er durch die Freundschaft mit seinem Landsmann Derek Bell gekommen war, der später zu einem der schnellsten Sportwagen-Rennfahrer aller Zeiten werden sollte. Als David seinen AC Cobra irreparabel zu Schrott gefahren hatte, kaufte er einen Zwei-Liter-Chevron, bevor er 1970 bei der Formel 3 landete, mit einem von der Firma seines Vaters gesponserten Brabham. Er gewann das erste Rennen schon wenige Wochen nach seinem Debüt, beim gefährlichen Straßenrennen in Chimay in Belgien, anlässlich des Grand Prix des Frontières. Er schlug einen gewissen James Hunt und wiederholte den Erfolg im Jahr darauf vor Claude Bourgoignie, der in den engen Straßen der belgischen Stadt eigentlich einen Heimvorteil hatte.

1972 wechselte Purley in die Formel 2 über, ans Steuer eines March, kehrte aber nochmals nach Chimay zu einem Formel-3-Rennen zurück, dieses Mal am Steuer eines Ensign. Bei der letzten Ausgabe des Grand Prix des Frontières siegte er nochmals, sicherlich auch dank seiner Fähigkeit, jegliche Gefahr zu missachten. David war ein stolzer und gleichzeitig rebellischer Mensch, und er konnte ein sehr schneller Fahrer sein. Wer ihn näher kannte, ging davon aus, dass er absolut furchtlos sei, wahrscheinlich als Folge seiner Erfahrungen beim Fallschirmspringen. Er begann 1973 in der Formel Atlantic, aber schon kurz darauf kaufte er einen March für die Formel 1. In den Farben von Lec Refrigeration schrieb er sich bei diversen Rennen der Weltmeisterschaft ein, als

Erstes beim Großen Preis von Monaco. Er übersprang den Großen Preis von England und präsentierte sich beim niederländischen in Zandvoort. Während des Rennens fuhr er hinter seinem Landsmann Roger Williamson, dem großen Hoffnungsträger des englischen Automobilsports, der einen ähnlichen March wie er selbst fuhr. Während der achten Runde, bei der die Wagen noch eine volle Tankladung hatten, platzte Williamson ein Reifen und er prallte mit über 200 km/h gegen die äußere Begrenzung einer schnellen Kurve. Der March kippte kopfüber und schlitterte viele Meter auf dem Asphalt, bevor er zum Stehen kam und in Flammen aufging. Purley zögerte keine Sekunde: Er stellte seinen Wagen am Streckenrand ab und rannte zu dem in seinem Monoposto eingeschlossenen Piloten. Die von den Fernsehkameras live übertragenen Bilder waren entsetzlich. David versuchte zuerst mehrmals, den March wieder umzudrehen und daraufhin, die Flammen selbst zu löschen, wobei ihm die Streckenposten hilflos zuschauen mussten. Sie trugen Zivilkleidung, die sie in keiner Weise vor den Flammen geschützt hätte. Vergeblich forderte er Streckenposten und andere Fahrer immer wieder auf, ihm zu helfen. Purley gelang es nicht, das Leben des Kollegen zu retten, und er ließ erst dann von den Rettungsversuchen ab, als nichts mehr zu machen war, vollkommen erschöpft und verzweifelt. Dieses Geschehen hinterließ eine tiefe Narbe in seiner Seele, aber er verabschiedete sich trotzdem nicht von den Rennen. Die englische Königin verlieh ihm die George Medal für seinen heroischen Einsatz.

Er fuhr 1974 weiterhin in der Formel 2 und wurde Fünfter bei der Europameisterschaft. In der höchsten Kategorie sah man ihn nur bei den Testfahrten zum Großen Preis von England in Brands Hatch, wo es ihm aber nicht gelang, den katastrophalen Token, der ihm für dieses Rennen angeboten worden war, für das Rennen zu qualifizieren. In den beiden folgenden Jahren wählte er die schweren Monopostos der Formel 5000 und gewann die Englische Meisterschaft dieser Kategorie mit einem Chevron. David hatte den Ehrgeiz, wieder in die Formel 1 zurückzukehren, und er tat es 1977 mit einem selbst gebauten Wagen, der unter dem Namen Lec bei der Meisterschaft eingetragen wurde. Der Monoposto war alles andere als eine Kampfmaschine, und Purley war kein Technikexperte für Rennwagen. Es gelang ihm trotzdem, beim Großen Preis von Belgien in Zolder während der ersten Runde des Rennens auf nasser Strecke auf sich aufmerksam zu machen, indem er mehr Runden als alle anderen mit Regenreifen fuhr. Voller Stolz konnte er für drei Runden sogar den Ferrari von Lauda hinter sich halten, bis er dann das Rennen mit ganzen drei Runden Rückstand auf den Sieger Nilsson auf Lotus beendete.

In Silverstone fuhr er bei den Tests zur Vorqualifikation für den Großen Preis von Großbritannien gerade in die Copse-Kurve, als ein kleiner Stein die Benzinleitung seines Monopostos vollständig aufriss. Der Lec knallte frontal und mit voller Wucht gegen einen Schutzwall, sodass der arme David einem Druck von 180g ausgesetzt wurde, durch die Verzögerung von 170 km/h auf 0 km/h innerhalb eines halben Meters. Das Wrack des Monopostos mit der auf wenig mehr als einen Meter verkürzten Karosserie ist heute im Museum der Rennstrecke in Donington ausgestellt. Es war unglaublich, dass Purley diesen Unfall überlebte, wenn auch mit schwersten Knochenbrüchen an Beinen und Becken. Er hatte die Kraft, die lange Rehabilitationsphase durchzustehen, und präsentierte sich 1979 bei der Aurora-Meisterschaft der Formel 1 mit einem Shadow. Man sah ihn noch bei verschiedenen kleineren Wettkämpfen, bevor er das Rennfahren aufgab und sich der Flugakrobatik widmete. Dort lebte er seine Lust an der Geschwindigkeit mit einem Pitts-Special-Doppeldecker bis an die Grenzen des Machbaren aus. So auch am Nachmittag des 2. Juli 1985, etwas mehr als einen Kilometer von seinem Haus in Bognor Regis entfernt, als es ihm nicht mehr gelang, das Flugzeug am Ende eines Sturzflugs wieder hochzureißen. Er starb sofort beim Aufprall des Flugzeugs auf dem offenen Meer.

David Purley ist als großmütiger und entschlossener Mensch in die Geschichte eingegangen, als er 1973 alles versuchte, um während des Großen Preises der Niederlande Williamson aus den Flammen zu retten.

DAVID PURLEY *BOGNOR REGIS 26.1.1945*
BOGNOR REGIS 2.7.1985

BESTRITTENE GP *7*

MARIO ANDRETTI

1954, mit gerade einmal 14 Jahren, war Mario Gabriele Andretti in Monza, um seinen Lieblingsrennfahrer, Alberto Ascari, zu bewundern. Sicher träumte er davon, auch Rennfahrer zu werden, aber nur schwerlich hätte er sich damals vorstellen können, was er wirklich erreichen sollte. Seine Familie kam aus Montona auf der Halbinsel Istrien, die noch zu Italien gehörte, als er und sein Zwillingsbruder Aldo auf die Welt kamen. Nach Kriegsende wurde die Familie Andretti im Jahr 1948 nach Lucca in ein Auswandererlager evakuiert, nachdem Istrien von dem neu entstehenden Staat Jugoslawien annektiert worden war. 1955 landeten die Andrettis schließlich in Nazareth in Pennsylvania, um dort ein neues Leben zu beginnen. Mario und Aldo, die mittlerweile von der Leidenschaft für Automobilrennen angesteckt worden waren, arbeiteten in einer Werkstatt und kauften einen alten Hudson, mit dem sie anfingen, auf den staubigen Pisten der Stadt Rennen zu fahren. Sie waren die schnellsten und im Allgemeinen gewannen sie die Rennen oder flogen von der Piste. Aldo aber passierte ein schlimmer Unfall, bei dem er einen Schädelbruch erlitt, woraufhin er seine Karriere direkt beendete. Als die Eltern davon erfuhren, regten sie sich furchtbar auf, aber sein Bruder Mario war nicht mehr zu halten, auch weil er ein Rennen nach dem anderen gewann. Mit 21 Jahren war er ein Ass auf den Midget-Monopostos, mit denen man noch auf Ovalstrecken fuhr. 1964 debütierte er mit Formel-Indy-Wagen in der USAC, der höchsten Kategorie in den Vereinigten Staaten.

Mario hatte in Nazareth die bezaubernde Dee Ann Hoch kennengelernt. Sie war zwei Jahre älter als er und half ihm dabei, sein Englisch zu verbessern. 1961 heirateten sie und bildeten ein Paar, das die Zeiten überdauern sollte, trotz der unvermeidlichen Verführungen, denen ein Rennfahrer ausgesetzt ist. Im ersten Jahr vermied Mario es wohlweislich, beim 500-Meilen-Rennen von Indianapolis mitzufahren. 1965 nahm er zum ersten Mal teil und wurde Dritter, was ihm die Trophäe des »Rookie of the Year«, Neuling des Jahres, einbrachte. Zu Jahresende hatte er die Meisterschaft gewonnen. Es war die erste einer ununterbrochenen Serie bis zum Jahre 1969. In jener Saison kam endlich auch der Erfolg beim 500-Meilen-Rennen von Indianapolis, was seltsamerweise der einzige dortige Sieg in seiner sehr langen Karriere bleiben sollte. Er fuhr damals die Rennen nicht nur auf den Monopostos der Formel Indy, sondern auch in der Can-Am auf Lola, in Le Mans auf Ford und er siegte sogar bei den legendären 500 Meilen von Daytona im Jahr 1967, die den getunten Serienwagen, den sogenannten Stockcars, vorbehalten ist. 1968 wurde er von Lotus engagiert, um beim Großen Preis von Italien in Monza an einem Wochenende zu fahren, an dem in Hoosier das 100-Meilen-Rennen stattfand. Der verrückte Plan bestand darin, dass Mario sich zusammen mit dem von BRM engagierten Al Unser am Freitag in Monza qualifizieren, am Samstag in den USA das Rennen fahren und am Sonntag am Großen Preis von Italien teilnehmen sollte. Stattdessen wurden beide aus Sicherheitsgründen von der Rennleitung in Monza festgehalten. In Watkins Glen, beim Großen Preis der USA, kehrte Mario zum Lotus 49 zurück und errang eine sensationelle Poleposition, doch leider musste er am Rennsonntag aufgeben. Das Ausprobieren ging bei drei Grands Prix im Jahr 1969 weiter, jedoch ohne bedeutende Resultate.

Mario Andretti hat seinen Traum vom Rennfahren in den Vereinigten Staaten verwirklicht. Sein Wunsch entstand schon in Italien, als er die Rennen von Alberto Ascari verfolgte.

MARIO ANDRETTI *MONTONA 28.02.1940*

BESTRITTENE GP	128
F-1-SIEGE	12
POLEPOSITIONS	18
F-1-WELTMEISTER	1978

1979 verwendete auch Andretti den »Bandit«-Helm von Simpson, der unter Rennfahrern Furore machte, und zwar nicht nur in der Formel 1. Hier ist er auf Lotus in Hockenheim zu sehen.

1970 begann das Abenteuer von Andretti, dem Helden der zwei Kontinente, der auf der einen Seite in den Vereinigten Staaten Rennen fuhr und auf der anderen in der Formel 1 mit dem March und bei der Sportwagen-Weltmeisterschaft mit Ferrari. Mit dem Ferrari 512 S siegte er in Sebring und in Watkins Glen und die Verbindung mit dem Haus aus Maranello wurde im Jahr darauf durch das Engagement bei diversen Grands Prix vervollständigt, wo Andretti neben Jacky Ickx und Clay Regazzoni startete. Er triumphierte beim eröffnenden Großen Preis von Südafrika in Kyalami im Jahr 1971 und beim nicht zur Weltmeisterschaft zäh-

1974 in Vollzeit, bevor er sich wieder in der Formel 1 präsentierte, mit dem wenig konkurrenzfähigen Parnelli Jones. In der Zwischenzeit war der Lotus seines alten Bekannten Colin Chapman in eine tiefe technische Krise gestürzt und Colin bat Mario, zurückzukommen.

Schon 1976, nach einer schönen Leistungssteigerung, gewann der Lotus wieder, beim Großen Preis von Japan, der bei strömendem Regen ausgetragen wurde und in die Geschichte einging, wegen der krassen Weigerung Niki Laudas, unter den extrem gefährlichen Bedingungen weiterzufahren. Noch einmal sollte Lotus

Andretti am Steuer des Lotus 78 mit Ford-Cosworth-V8 beim Großen Preis von Monaco am 6. Mai 1978. Der britische Rennstall dominierte die Weltmeisterschaft jenes Jahres.

mangelnden Zuverlässigkeit des 78er-Modells die Meisterschaft nicht gewinnen, trotz seiner vier Siege im Vergleich zu den drei Siegen Laudas, doch im Jahr darauf beherrschten Andretti und Peterson die Weltmeisterschaft. Nur der tragische Unfall Ronnie Petersons in Monza überschattete eine Saison, die ansonsten ohne Übertreibung als triumphal bezeichnet werden kann. Die beiden nächsten Saisons bei Lotus liefen schlechter für die Mannschaft und für Mario, der 1981 erfolglos versuchte, den Alfa Romeo in der Formel 1 zu lancieren. Im Jahr darauf kehrte er beim Großen Preis von Italien in Monza am Steuer eines Ferrari in die Formel 1 zurück und erreichte eine fantastische Poleposition und den dritten Platz vor einem Publikum, das ihn weiterhin liebte und verehrte. Nachdem er Europa und die Formel 1 – und seinen Platz als Stammgast der Concorde – definitiv verlassen hatte, fuhr er lange Zeit weiter Rennen in Amerika und gewann 1984 die Meisterschaft, bevor er sich 1994 offiziell zurückzog. Er versuchte sich noch einmal am 24-Stunden-Rennen von Le Mans, das er noch nie gewonnen hatte, und auch eine unglaubliche Rückkehr 2003 nach Indianapolis im Alter von 63 Jahren scheiterte gleich zu Beginn durch einen erschreckenden Überschlag bei den Testfahrten.

Andretti ist stets freundlich und wird von allen geliebt, nicht nur von den Journalisten, sondern auch von seinen Landsleuten, mit denen er weiterhin Italienisch spricht, auch wenn er seit 1964 stolzer amerikanischer Bürger ist. Er hat drei Kinder, und seine zwei Söhne Michael und Jeff haben ebenfalls den Weg auf die Rennstrecken eingeschlagen, und nun ist es an seinem über alles geliebten Enkel Marco, dem Sohn von Michael, die Farben der Andretti-Dynastie hochzuhalten.

RONNIE PETERSON

Seinen guten Namen in der Formel 3 machte er sich durch die Rennen in ganz Europa, zu denen er sich von seinem Heimatland Schweden aus auf den Weg machte. Er nahm, wo immer er konnte, an Rennen teil, um an die hohen Prämien zu gelangen, die für die besten Fahrer der jeweiligen Kategorien bereitgestellt wurden. Ronnie kam in Örebro, im Herzen der skandinavischen Halbinsel, zur Welt und hatte ein eher schüchternes und introvertiertes Wesen. Doch am Steuer verwandelte er sich in eine Art unaufhaltsamen Dämon. Wie Jochen Rindt liebte er es, den Wagen quer zu stellen und die Grenzen der Straßenlage durch Gegensteuern auszutesten. Er war nicht nur sehr schnell, sondern hatte auch ein faszinierendes Äußeres. Groß, blond und attraktiv, hatte er eine wunderschöne Verlobte, Barbro, die ihn praktisch überallhin begleitete.

Nach sieben Jahren, die er zwischen Kart und Formel 3 verbrachte, fand er sich 1970 Schulter an Schulter mit den besten Piloten der Welt in den Startreihen der Formel 1 wieder. Sein privater March war nicht sehr konkurrenzfähig, aber Ronnie konnte dennoch auf sich aufmerksam machen und seinen Ruf als mutiger und stets schnell fahrender Pilot festigen. 1971 machte er sich mit den stärkeren Monopostos vertraut und begann sofort, wichtige Platzierungen einzufahren. In der Gesamtwertung der Weltmeisterschaft landete er sogar auf dem zweiten Platz, hinter Jackie Stewart, der in diesem Jahr seinen zweiten Titel errang. Das March-Team hatte nur begrenzte Möglichkeiten, und nachdem sie in einem Jahr einen guten Wagen herausgebracht hatten, erhielten Ronnie und sein Teamkollege Niki Lauda im Jahr darauf einen nur wenig wettbewerbsfähigen Monoposto, der zudem schwer zu fahren war. Aber das Engagement durch Ferrari, für die Ronnie 1972 bei der Langstrecken-Weltmeisterschaft mit dem 312PB startete, konnte ihn darüber hinwegtrösten, vor allem, weil der herausragende Sieg bei dieser Meisterschaft für Ferrari auch auf Petersons Leistungen zurückzuführen war.

Die Zeit für den Wechsel in ein Spitzenteam war nunmehr reif und es wunderte niemanden, dass er von Lotus engagiert wurde, neben Emerson Fittipaldi, dem Weltmeister des Jahres 1972. Ronnie musste noch bis zum Großen Preis von Frankreich im Juli warten, dann konnte auch er endlich auf das höchste Treppchen steigen und eine Siegesserie beginnen, die aber dennoch Stewart nicht davon abhielt, ein weiteres Mal Weltmeister zu werden. Petersons Karriere schien sich in Richtung Titelgewinn zu bewegen, als er sich 1974 an der Spitze des Lotus-Teams befand, wenn auch neben einem Champion wie Jacky Ickx. Zu seinem Pech machte

March enorme Fehler bei der Entwicklung des neuen 74ers und so musste er sich mit dem 72er begnügen, der zwar komplett überarbeitet worden war, aber immer noch dem Modell entsprach, mit welchem Rindt vier Jahre zuvor debütiert hatte. Ronnie ließ den Wagen dennoch fliegen und errang schier unmögliche Siege in Monte Carlo, Dijon und Monza. Mit oft spektakulären Drifts war er in der Lage, das Unmögliche aus jedem Wagen, den man ihm zur Verfügung stellte, herauszuholen. Sein persönliches Limit ergab sich aus der Tatsache, dass er ein unfähiger Tester war und deshalb nicht in der Lage, den Technikern die Änderungen mitzuteilen, die die Fahreigenschaften der Wagen verbessern konnten. Er passte sich eher an die Mängel der Fahrzeuge an, als sie zu korrigieren. Außerdem brachte sein großzügiger Fahrstil die Mechanik an ihre Grenzen und das kostete ihn einige Ausfälle mehr als der Durchschnitt. Nach einer weiteren enttäuschenden Saison bei Lotus tauchte er 1976 wieder bei March auf, mit denen er einen weiteren praktisch unmöglichen Sieg in Monza errang. Im Jahr darauf hätte er das Zeug gehabt, zu Ferrari zu wechseln, aber in Maranello zog man Villeneuve vor, sodass er am Steuer des schweren und schwierig zu fahrenden Tyrrell mit sechs Rädern eine weitere schlechte Saison hinnehmen musste. Zu Hause tröstete er sich, indem er stundenlang die Bahnen der Fische in seinem Aquarium verfolgte, auch wenn er vielleicht nicht so ruhig war, wie es nach außen den Anschein hatte. Barbro, die seine Frau geworden war, gestand einmal einem Journalisten, dass Ronnie große Einschlafschwierigkeiten hatte, wenn ein Grand Prix anstand. In der Zwischenzeit hatten Ronnie, Barbro und Töchterchen Nina Louise in Monte Carlo ihre Wahlheimat gefunden.

Der Lotus war in den Händen von Mario Andretti wiederauferstanden, auch dank der außergewöhnlichen Fähigkeiten Andrettis als Tester und wegen der Entdeckung des sogenannten »Ground Effect«. Colin Chapman wollte Peterson 1978 wieder bei sich haben, allerdings mit einem festen Vertrag als zweiter Fahrer. Beim Qualifying hatten die Mechaniker die Anweisung bekommen, seinen Monoposto schwerer zu machen, indem sie mehr Benzin einfüllten, um so Andretti zu begünstigen. Im Rennen war Ronnie oft schneller als sein Teamkollege, aber als korrekt handelnder Profi griff er Andretti nie an und begnügte sich damit, die Ziellinie direkt hinter ihm zu durchfahren. Er begann aber wieder, Siege einzufahren, mit dem 78er in Südafrika und mit dem 79er in Österreich, in einer Meisterschaft, die durch ihn und Andretti auf breiter Front dominiert wurde. Dann kam das Wochenende des Großen Preises von Monza, eines der wenigen, an dem Barbro mit der kleinen Nina zu Hause in Monte Carlo blieb. Zu seinem Pech beschädigte Ronnie den robusteren 79er während der Testfahrten am Morgen und so war er gezwungen, das Rennen mit dem im vorderen Bereich viel zerbrechlicheren 78er zu fahren. Er kam schlecht vom Start weg und war wenige Hundert Meter nach dem Start zwischen dem Ferrari von Reutemann und dem McLaren von Hunt eingeklemmt. Ohne sein Verschulden flog er fast frontal gegen die Leitplanken und sein Lotus fing Feuer, das zum Glück sofort gelöscht werden konnte. Peterson hatte sich die Beine gebrochen, eines davon sehr schwer, aber er befand sich nicht in Lebensgefahr. Im Niguarda-Krankenhaus in Mailand beschlossen die Ärzte, ihn zu operieren. Nach dem Eingriff entstanden plötzlich Komplikationen und eine unerwartete Fettembolie führte zum Tod von Ronnie Peterson, zum großen Entsetzen seiner Fans und der Rennkollegen. Barbro kam nie über den Verlust hinweg und nahm sich 1987 das Leben, weil sie dieses ohne ihn nicht mehr ertragen konnte. Nina Louise ist in der Zwischenzeit Mutter zweier Kinder geworden. Eines davon heißt Max Ronnie.

Viele halten Ronnie Peterson für den absolut schnellsten Rennfahrer der 1970er-Jahre. Seine Achillesferse war hingegen das Feinabstimmen seiner Rennwagen.

RONNIE PETERSON *ÖREBRO 14.2.1944*
MAILAND 11.9.1978

BESTRITTENE GP *123*
F-1-SIEGE *10*
POLEPOSITIONS *14*

JODY SCHECKTER

Jody kam in East London, Südafrika, zur Welt, wo sein Vater eine Renault-Vertretung besaß. Deshalb fiel es ihm nicht schwer, sich schon im zartesten Alter zuerst Motorrädern und später Automobilen zu nähern. Mit 18 Jahren war er bereits einer der schnellsten der südafrikanischen Tourenwagen-Meisterschaft auf einem Renault, der zu Hause präpariert worden war. Als Fahrer konnte man ihn sicher nicht als gemächlichen Typ bezeichnen. Schon bei seinem Debüt schaffte er es, sich wegen gefährlicher Fahrweise disqualifizieren zu lassen, bevor er dann doch eine schöne Serie an Siegen erreichen konnte. Nach dem Wehrdienst schrieb er sich 1970 bei der Landesmeisterschaft der Formel Ford ein, gewann sie und trug den Titel des »Driver to Europe« davon. Dieser Titel beinhaltete eine Geldprämie und ein Hin- und Rückflugticket für England. An diesem Punkt war er etwas älter als 20 Jahre und landete zusammen mit seiner Frau Pamela, von allen nur Pam genannt, in Europa.

In Großbritannien fiel es ihm nicht schwer, auf sich aufmerksam zu machen. Sein Fahrstil war aggressiv, für so manchen gar furios, und seinem Image des noch recht ungehobelten jungen Mannes entsprachen auch die dichten gelockten Haare und die enormen Koteletten, die sein Gesicht umrahmten. Beim Debüt in Brands Hatch mit einem Merlyn der Formula Ford wurde er zur Sensation, als er die Gruppe anführte, bis zu dem Moment, in welchem er sich auf der Strecke drehte. Er begann auch sehr frühzeitig zu gewinnen, ohne aber die Angewohnheit abzulegen, sich um die eigene Achse zu drehen – immer auf der Suche nach seinem persönlichen Limit und dem des Wagens. Beim Wechsel in die Formel 3 zur Hälfte der Saison begann er, mehr Siege einzufahren und weniger Fehler zu machen, und verdiente sich so ein Engagement durch McLaren, um in der Formel 2 zu fahren. Seine Geschwindigkeit und die aggressive Fahrweise machten ihn schnell unter den Fans populär. Das Jahr war nicht das beste, aber dennoch gewann Jody ein Rennen in Crystal Palace und McLaren beschloss, ihn hierfür zu belohnen. Zum Jahresende, nur 18 Monate nach seiner Ankunft in England, fand Scheckter sich am Steuer eines Monopostos in der Formel 1 wieder, beim Großen Preis der USA in Watkins Glen. Bei seinem zweiten Rennen der Saison beim Großen Preis von Frankreich in Le Castellet machte er viel von sich reden. Er war in der ersten Reihe neben Fittipaldi gestartet, übernahm die Führung und behielt diese über 40 Runden. Dann verlor der Brasilianer die Geduld und versuchte, ein schwieriges Überholmanöver durchzuführen, bei dem er sich am McLaren einhakte und das Rennen für beide beendete. Jody war mittlerweile in aller Munde und vor allem Inhalt der Aussagen von Fittipaldi, der ihn beschuldigte, eine Gefahr für alle darzustellen. Nur zwei Wochen später wurde Scheckter allerdings noch bekannter, wenn auch ungewollt, infolge der Karambolage in Silverstone beim Großen Preis von Großbritannien. Stets aggressiv bis zur Grenze des Machbaren, startete er von der sechsten Position aus und versuchte in der ersten Runde, die Woodcote-Kurve im vierten Gang zu nehmen, wie man das normalerweise nur mit leerem Tank beim Qualifying macht. Das Ergebnis war ein Dreher um 360 Grad und sein mitten auf der Strecke, vor dem Rest der ganzen Gruppe, stehen gebliebener McLaren. Die darauf folgende Karambolage verwickelte 15 weitere Wagen und wird vielleicht die kolossalste in der Geschichte der Formel 1 bleiben, zum Glück ohne Schwerverletzte. Nur ein Fahrer, de Adamich, brach sich den Knöchel.

Das Aussehen und das Verhalten Scheckters trugen nicht dazu bei, ihn bei seinen Kollegen besonders beliebt zu machen. Anstatt sich die mächtigen Herrschaften, die zu den Rennen kamen, zu Freunden zu machen, zog Scheckter die Gesellschaft der Mechaniker vor. Nach einer von McLaren

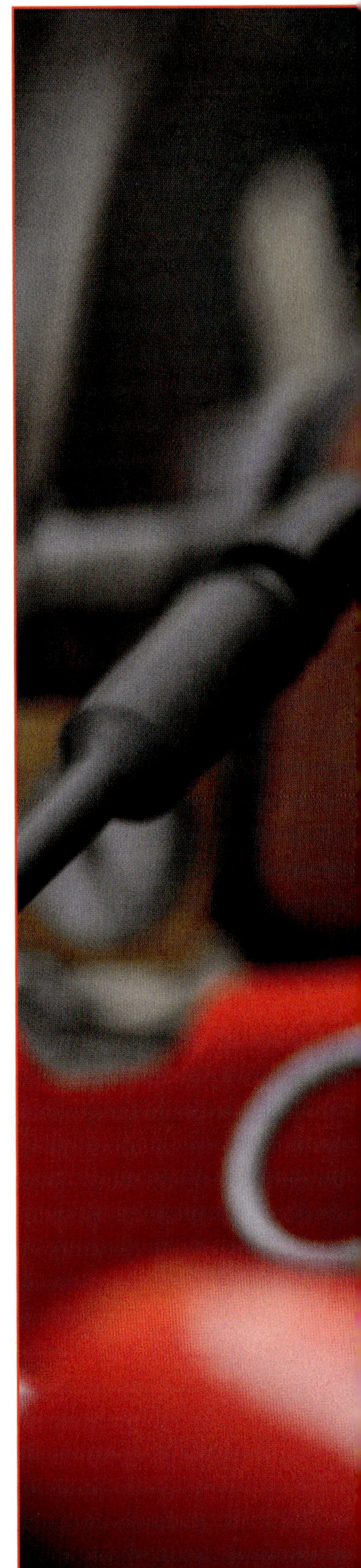

Von einem ungestümen und sehr risikobereiten Rennfahrer verwandelte sich Jody Scheckter in einen verantwortungsvoll fahrenden Champion, nachdem er den tödlichen Unfall von François Cevert mitansehen musste.

Oben Scheckter landete 1979 bei Ferrari und nutzte das Potenzial des 312 T4 voll aus, sodass er die Weltmeisterschaft gewann. Auf diesem Bild fährt er in Monte Carlo vor Villeneuve.

Rechts Gilles Villeneuve und Jody Scheckter bildeten ein gut eingespieltes Team. Der Kanadier hatte großen Respekt vor seinem Teamkollegen, der diesen ebenso sehr schätzte.

auferlegten Zwangspause touchierte er bei seiner Rückkehr in Kanada François Cevert, der die Klagen über den Südafrikaner noch verschärfte. Aufgrund einer unglücklichen Fügung des Schicksals war es Jody, der als Erster in Watkins Glen an die Unfallstelle kam, an der Cevert tödlich verunglückt war. Dies hinterließ einen so tief gehenden Eindruck bei ihm, dass er seinen Fahrstil daraufhin änderte.

Das Engagement bei Tyrrell hingegen trug dazu bei, seine Persönlichkeit zu verändern. Dort hatte man schon vor der Ankündigung Stewarts, sich zurückzuziehen, beschlossen, auf Scheckter zu setzen. »Onkel Ken« und die Ratschläge von Stewart selbst trugen zum Wandel Jodys bei und er häufte eine beeindruckende Serie von Resultaten an, gekrönt mit dem Sieg beim Großen Preis von Schweden und dem von Großbritannien 1974. Im Jahr darauf gewann er zu Hause in Kyalami und bestätigte sich als zuverlässiger und zugleich schneller Pilot, um daraufhin 1976 den bis dato geheimen sechsrädrigen Tyrrell zu testen, der aufgrund seiner aerodynamischen Konzepte interessant, aber auch zu schwerfällig war, um auf Spitzenränge fahren zu können. Trotzdem gelang ihm damit wieder ein Sieg beim Großen Preis von Schweden. 1977 nahm er die Herausforderung an, mit Wolf zu debütieren, und siegte auf sensationelle Weise beim ersten Großen Preis des Jahres in Argentinien und nochmals in Monte Carlo und Kanada, um letztendlich Dritter in der Weltmeisterschaftswertung zu werden.

Nach dem enttäuschenden Jahr 1978 nahm er das Angebot von Ferrari an und unterschrieb beim Team aus Maranello, um mit Villeneuve zu fahren. Die Geschwindigkeit und die Entschlossenheit des Kanadiers waren beeindruckend, aber der mittlerweile gereifte Scheckter nutzte die Überlegenheit des 312 T4 und der Michelin-Reifen besser aus. Eine beeindruckende Serie an Platzierungen sowie Siege in Zolder, Monza und Montreal waren die Folge, während der Kanadier oft gezwungen war, sich aus den Rennen zurückzuziehen. Jody und Villeneuve waren sehr gute Freunde und verstanden sich bestens. In Monza, an dem Tag, an welchem Scheckter Weltmeister wurde, blieb der Kanadier hinter

ihm, ohne ihn anzugreifen, obwohl er das gekonnt hätte. Nachdem er den Titel gewonnen hatte, fand sich Jody 1980 mit einem nur wenig kompetitiven Ferrari wieder, aber es schien, als hätte er nunmehr alles gegeben, sowohl bei den Rennen als auch für die Formel 1. Er war noch keine 31 Jahre alt, als er sich zum Ende der Saison zurückzog.

Als Nächstes trennte er sich von Pam, die ihm zwei Söhne geschenkt hatte, Tomas und Toby, die beide ebenfalls Rennfahrer werden sollten. Er zog in die Vereinigten Staaten und erwies sich als fähiger Unternehmer, indem er ein Unternehmen für die Herstellung von Waffensimulatoren zur persönlichen Verteidigung gründete. Zur großen Überraschung aller kehrte er später nach England zurück, wo er heute mit großem Erfolg die Laverstoke Park Farm betreibt, einen landwirtschaftlichen Betrieb, der nach biologisch-dynamischen Kriterien arbeitet. Er hat zudem wieder geheiratet: Von Clare hat er weitere vier Kinder bekommen.

JODY SCHECKTER *EAST LONDON 29.1.1950*

BESTRITTENE GP	*112*
F-1-SIEGE	*10*
POLEPOSITIONS	*3*
F-1-WELTMEISTER	*1979*

NIKI LAUDA

Er wurde auf den Namen Andreas Nikolaus getauft, aber schon immer nur Niki gerufen. Eines Tages sollte er dreifacher Formel-1-Weltmeister werden, aber seine Karriere musste er gegen den Willen seiner Angehörigen, einer reichen Industriellenfamilie aus Österreich, starten. Schon als Jugendlicher bewies er seine Geschäftstüchtigkeit, um sich seine ersten Wagen zu kaufen, darunter einen Mini, mit dem er 1968 bei einem Bergrennen debütierte. Als sein Vater hiervon erfuhr, verbot er ihm augenblicklich, weiter Rennen zu fahren, aber nichts konnte Nikis Leidenschaft Einhalt gebieten. Schnell wechselte er vom Mini auf einen Porsche 911 und im darauffolgenden Jahr in die Formel V, wo er bei zwei Rennen siegte. Während seiner Zeit bei der Formel 3 im Jahr 1970 konnte er nicht sonderlich beeindrucken, durfte sich aber mit zwei ersten Plätzen am Steuer des Porsche 908 trösten.

Auch dank des guten Namens seiner Familie gelang es ihm, einen Kredit von der Bank zu erhalten, um 1971 in der Formel 2 in der offiziellen Mannschaft von March zusammen mit Ronnie Peterson zu fahren. Für die darauffolgende Saison und das Debüt in der Formel 1 war er wieder dabei, mit derselben Bank zu verhandeln, aber es gelang seinem Vater, das Finanzierungsvorhaben zu blockieren. Niki brach darauf alle Verbindungen zur Familie ab und konnte die notwendigen Gelder von einer anderen Bank einholen. Das March-Team der Formel 1 war im Jahr 1972 jedoch enttäuschend und die erhofften Ergebnisse wollten sich nicht einstellen. Zu Jahresende war Niki der Verzweiflung nahe, aber anstatt sich dieser hinzugeben, gelang es ihm, einen weiteren Kredit zu erhalten, um 1973 mit BRM Rennen zu fahren. Einige starke Leistungen, darunter ein sechster Platz in Monaco, erregten Aufmerksamkeit und brachten ihm ein Sponsoring von BMW für Tourenwagenrennen ein, das ihm half, seine Schulden zu begleichen. Unter seinen Teamkollegen bei BRM war Clay Regazzoni, der gerade zu Ferrari zurückkehren wollte. Clay legte in Maranello ein gutes Wort für Niki ein. Nach seinem Einstieg bei Ferrari startete Lauda ein intensives Programm an Tests und Weiterentwicklungen des Monopostos, wobei er das Potenzial der Teststrecke in Fiorano voll ausschöpfte. Niki war seit vier Jahren mit Mariella Reininghaus verlobt, einer eleganten jungen Frau aus Salzburg, deren Eltern ein bekanntes Unternehmen für Getränke besaßen. Er war vielleicht nicht der schnellste Pilot von allen, aber seine Entschlossenheit und der unermüdliche Wille, die Leistungen des Wagens zu verbessern, suchten ihresgleichen. Bei Ferrari nannten sie ihn den »Computer«, und das sagt mehr über seine Auffassung von einer Rennfahrerkarriere aus als alles andere.

1974 stellten sich die ersten Siege ein, in Spanien und den Niederlanden, aber das Abkommen von der Strecke am Nürburgring und eine Reihe von Ausfällen warfen ihn aus dem Kampf um den Titel heraus, den sich letztendlich Fittipaldi vor Regazzoni holte. Ferrari war an die Spitze zurückgekehrt und 1975 sollte sich der 312T als praktisch unschlagbare Kampfmaschine erweisen. Niki holte sich nun die Früchte all seiner Arbeit, erreichte fünf Siege und wurde zum ersten Mal Weltmeister. In der Zwischenzeit hatte er nach unüberbrückbaren Differenzen mit Mariella die faszinierende Marlene Knaus geheiratet, die ihm zwei Söhne schenkte, Mathias und Lukas. 1976 schien Lauda auf dem besten Weg

Niki Lauda im Cockpit des Ferrari 312 T, einem außergewöhnlichen Monoposto, der es ihm ermöglichte, seinen ersten Weltmeistertitel zu erringen.

NIKI LAUDA	WIEN 22.2.1949 ZÜRICH 20.5.2019
BESTRITTENE GP	171
F-1-SIEGE	25
POLEPOSITIONS	24
F-1-WELTMEISTER	1975, 1977, 1984

HEUER
GOODYEAR
Agip
PIRELLI
Ausonia
agv
Niki Lauda

Nachdem er 1979 als Rennfahrer zurückgetreten war, kehrte der Österreicher 1982 auf McLaren zurück. In jenem Jahr siegte er in Long Beach und, wie auf diesem Bild ersichtlich, in Silverstone.

1977 war das Verhältnis zum Ferrari-Team nicht mehr dasselbe. Niki setzte dennoch auf Routine und wurde so Weltmeister, trotz Mario Andrettis höherer Anzahl an Siegen. 1978 wechselte er, nicht ohne Aufsehen zu erregen, zu Brabham, mit denen er den Großen Preis von Schweden gewann, mit einem Monoposto, der über ein Gebläse zur Verbesserung der Bodenhaftung verfügte (was direkt danach wieder verboten wurde). Im Anschluss daran gewann er den Großen Preis von Italien, nach der Verhängung einer Strafzeit an Andretti und Villeneuve. Mitte 1979 erklärte er plötzlich seinen Rückzug, um sich seiner neuen Leidenschaft zu widmen, den Flugzeugen. Nach Erhalt des Pilotenscheins gründete er die Lauda Air. Die Geschäfte liefen allerdings nicht so gut und 1982 kehrte er unter großem Aufsehen auf McLaren zurück und siegte beim Großen Preis der USA in Long Beach und beim Großen Preis von England in Silverstone. Nach zwei Jahren wurde der McLaren auch dank der Porsche-Motoren der wettbewerbsfähigste Wagen, aber Niki befand sich in einem sehr ungemütlichen Zweiergespann mit Alain Prost im Team. Mit der für ihn typischen Intelligenz konzentrierte er sich auf die Vorbereitungen für die Rennen, ohne sich von den Trainingszeiten Prosts beeindrucken zu lassen. Am Ende wurde er dafür mit seinem dritten glanzvollen Titel belohnt, den er mit einem halben Punkt Vorsprung vor seinem Teamkollegen erreichte. 1985 war der Zeitpunkt für den endgültigen Rückzug gekommen.

Der österreichische Pilot 1985 auf McLaren. In jenem Jahr verschaffte er sich die Genugtuung, Alain Prost beim Großen Preis der Niederlande in Zandvoort zu schlagen.

Nach seinem Rückzug begann für Lauda eine lange unternehmerische Karriere mit Höhen und Tiefen, wobei er zwischen 1993 und 1995 auch als Berater für Ferrari fungierte. 1999 verkaufte er die Lauda Air an die Austrian Airlines, um darauf wieder eine Billigfluglinie zu gründen, dieses Mal mit dem Namen Fly Niki. Als Leiter von Jaguar kehrte er in den Jahren 2001 und 2002 in die Formel 1 zurück und wurde danach Fernsehkommentator. Im Jahr 2012 engagierte ihn Mercedes als Aufsichtsratsvorsitzenden seines Formel-1-Teams, wo er eine Schlüsselrolle dabei spielte, Lewis Hamilton davon zu überzeugen, McLaren zu verlassen – eine Entscheidung, der spektakuläre Ergebnisse folgten. Laudas Privatleben war ebenso ereignisreich. Im Jahr 2008 heiratete er Birgit Wetzinger, eine Flugbegleiterin, die ihm eine Niere spendete. Sie bekamen zwei gemeinsame Kinder. Seine erste Nierentransplantation hatte Lauda 1997 erhalten, gespendet von seinem Bruder, wahrscheinlich aufgrund von Spätfolgen nach dem Unfall am Nürburgring. Leider verschlechterte sich sein Gesundheitszustand mit zunehmendem Alter. Im Jahr 2018 unterzog er sich nach einer schweren Infektion einer Lungentransplantation und erholte sich nie wieder vollständig. Nachdem er längere Zeitraum von der Dialyse abhängig gewesen war, verstarb er am 20. Mai 2019.

Oben Niki Lauda 1984 beim Großen Preis von Österreich in Zeltweg. Er gewann das Rennen und holte sich wichtige Punkte für die Weltmeisterschaftswertung.

TEXACO
GOOD YEAR
Marlboro
James Hunt
A Rh +

JAMES HUNT

James Simon Wallis Hunt, der Sohn eines Börsenmaklers aus Surrey, war das zweite von sechs Kindern einer großen Familie. Schon als kleines Kind verfügte er über einen starken Willen und erbrachte später herausragende Leistungen in diversen Sportarten wie Kricket, Tennis, Squash und Golf. Als er den Führerschein gemacht hatte und an seinem 18. Geburtstag Silverstone besuchte, erwachte seine große Leidenschaft für Rennen. Er nahm Gelegenheitsjobs an und kaufte sich von dem Lohn einen Mini, mit dem er anfing, Rennen zu fahren, wurde aber gleich bei der ersten Fahrt wegen eines nicht regelkonformen Sitzes disqualifiziert. 1969 kam er zur Formel Ford, wo er einen Miet-Rennwagen fuhr und erste Siege errang. Ein Jahr später begann er, Berühmtheit zu erlangen, allerdings nicht nur wegen seiner Siege mit einem Lotus in der Formel 3 in Rouen und Zolder, sondern auch wegen seiner zahlreichen Unfälle und eines Zwischenfalles nach einem Rennen, als er sich mit Dave Morgan einen regelrechten Boxkampf lieferte. Die Presse und seine britischen Fans nannten ihn »Hunt the Shunt« (sinngemäß »Hunt der Verschrotter«), doch sie konnten ihm seine große Schnelligkeit nicht absprechen. 1972 wurde er offizieller Fahrer von March in der Formel 3, aber schon in der ersten Hälfte der Saison ließ ihn das Team wieder aussteigen, weil er erklärt hatte, dass der Wagen furchtbar sei.

Dann aber hatte er das große Glück, auf Alexander Hesketh zu treffen, einen jungen Aristokraten, der eine große Leidenschaft für Autorennen hatte und sein Geld für dieses Vergnügen ausgeben wollte. Vielleicht faszinierte ihn James' sorglose Art, die Dinge anzugehen, jedenfalls finanzierte Lord Hesketh ein Formel-2-Team und stellte einen March für seinen Fahrer. Der dritte Platz in Oulton Park überzeugte ihn von Hunts Qualitäten. In Anbetracht der Tatsache, dass die Kosten nicht viel höher lagen, debütierte das Team 1973 in der Formel 1 und verwendete nach wie vor einen March. James revanchierte sich für das in ihn gesetzte Vertrauen mit einem dritten Platz in den Niederlanden und einem zweiten Platz in den USA, knapp hinter dem Sieger Peterson, wobei er auch eine schnellste Rennrunde fuhr.

Lord Hesketh war derart begeistert von den Ergebnissen seines Piloten, dass er beschloss, einen eigenen Monoposto bauen zu lassen, entwickelt von Harvey Postlethwaite, der später bei Tyrrell und Ferrari berühmt werden sollte. James freundete sich sehr mit dem Rennleiter Anthony »Bubbles« Horsley an, der wie er ein Liebhaber des schönen Lebens war. Hunt war groß gewachsen und hatte so riesige Füße, dass er gezwungen war, die Spitzen seiner Pilotenschuhe (Schuhgröße 48) aufzuschneiden, um keine Probleme mit der Durchblutung zu bekommen. Blond und zweifelsohne gut aussehend, war Hunt dem schönen Geschlecht sehr zugeneigt und die Damen gaben ihm im Allgemeinen ebenso große und bedingungslose Aufmerksamkeit zurück. Auf seinen Overall hatte er ein Wappen sticken lassen, mit der unverhohlenen Aussage: »Sex – das Frühstück der Champions«. Trotzdem war er kein furchtloser Fahrer. Er war sich der Risiken des Rennsports bewusst und musste sich des Öfteren vorher übergeben, sowohl aufgrund der nervlichen Anspannung als auch wegen der ausgelassenen Feiern am Vorabend. Er rauchte zu gern, bis zu 40 Zigaretten am Tag, und galt als bekennender exzessiver Trinker. Bei Hesketh fühlte er sich auf jeden Fall sehr wohl. Das Team konsumierte in der Tat mehr Champagner und Hummer

James Hunt, Weltmeister des Jahres 1976, war in der Geschichte des Automobilsports eine einzigartige Persönlichkeit.

JAMES HUNT — *LONDON 29.8.1947* / *WIMBLEDON 15.6.1993*

BESTRITTENE GP	*92*
F-1-SIEGE	*10*
POLEPOSITIONS	*14*
F-1-WELTMEISTER	*1976*

Hunt in voller Aktion auf dem McLaren M23, mit dem er dank des dritten Platzes im letzten und entscheidenden Rennen beim Großen Preis von Japan in Fuji den Weltmeistertitel errang.

als Benzin und ein Fest folgte dem anderen, mit vielen schönen jungen Frauen, einem Rolls-Royce und sogar einem Hubschrauber als Fortbewegungsmittel. 1974 gewann Hunt mit Hesketh in Silverstone das erste Rennen außerhalb der Meisterschaft und erreichte im Laufe der Saison sehr gute Platzierungen und drei Podestplätze. Im Jahr darauf startete das Rennen in Zandvoort auf nasser Strecke und James profitierte vom darauffolgenden Reifenwechsel, um in Führung zu gehen. An der Spitze angelangt, holte ihn der schnellere Ferrari von Niki Lauda ein, aber Hunt konnte dem Druck widerstehen und gewann den ersten Grand Prix seines Lebens. Die Zeiten waren turbulent, auch aufgrund seiner gescheiterten Ehe mit der schönen Suzy Miller, einem Fotomodell. James war sicherlich nicht für das Eheleben gemacht und Ende 1975 verließ sie ihn. Sie zog die Gesellschaft des schon in die Jahre gekommenen Schauspielers Richard Burton vor, der die Kosten für die Scheidung übernahm. Hunt war überhaupt nicht verzweifelt, verlassen worden zu sein, sondern fühlte sich im Gegenteil noch freier für ein Leben, das aus Feiern, Trinkgelagen und noch mehr bestand, oft in Gesellschaft von Barry Sheene, dem Motorradchampion, der sein enger Freund und Gefährte bei Touren wurde, die teilweise über die Grenzen des Zulässigen hinausgingen.

1976 musste McLaren Emerson Fittipaldi ersetzen und engagierte Hunt trotz gewisser Vorbehalte wegen seines Lebensstils. Nach wie vor sehr schnell fahrend, revanchierte sich der Engländer für das in ihn gesetzte Vertrauen in einer schweren, kontroversen und ereignisträchtigen Saison. McLaren gewann in Spanien, wurde aber disqualifiziert, um dann doch wieder in die Wertung aufgenommen zu werden. In Brands Hatch wurde James nach seinem Sieg aus der Fahrerwertung herausgenommen, weil er mit dem Ersatzfahr-

Das Siegerpodest beim Großen Preis von Großbritannien im Jahr 1976: Hunt feiert, aber er sollte daraufhin disqualifiziert werden, weil er nach dem ersten Start einen Ersatzwagen verwendet hatte.

zeug wieder ins Rennen eingestiegen war. Der schwere Unfall Laudas auf dem Nürburgring erschütterte auch ihn sehr, obwohl das Unglück des Österreichers das Spiel um den Titel für Hunt wieder eröffnet hatte. Tatsächlich verband die beiden eine echte Freundschaft, die viel größer war, als in den neueren Filmen dargestellt. Mit dem dritten Platz, den er beim letzten Grand Prix in Japan unter extremen Bedingungen schaffte, wurde James Weltmeister. Im Jahr darauf siegte er in Silverstone, Watkins Glen und zum letzten Mal in Fuji, wo er sich allerdings weigerte, aufs Podium zu steigen, mit der Entschuldigung, dass er sonst seinen Flug nach Hause verpasst hätte. 1978 war sein bestes Ergebnis lediglich ein dritter Platz in Frankreich. Auch war er sichtlich schockiert über den Tod seines Freundes Ronnie Peterson beim Großen Preis von Italien. Er verbrachte das darauffolgende Jahr bei Wolf und fasste den Entschluss, noch in der ersten Hälfte der Saison mit dem Fahren aufzuhören, aufgrund der sich nicht mehr einstellenden guten Ergebnisse und wegen der Gefahren, die die Fortsetzung seiner Rennkarriere mit sich gebracht hätte. An diesem Punkt war er etwas mehr als 31 Jahre alt. Das englische Fernsehen bot ihm einen Job als Grand-Prix-Kommentator an, Hunt akzeptierte und begann so eine neue Karriere. Seine Kommentare waren oft bissig, zum Teil auch an der Grenze zur persönlichen Beleidigung. Er war nach Wimbledon umgezogen, wo er Papageien züchtete und 1983 Sarah Lomax, die Mutter seiner geliebten Söhne Tom und Freddie, heiratete. Sein nach wie vor ausschweifendes Leben führte zur Trennung auch von Sarah, bevor er sich mit der 18 Jahre jüngeren Helen Dyson zusammentat. Am 15. Juni 1993 starb Hunt an einem Herzanfall in seinem Haus in Wimbledon.

GILLES VILLENEUVE

Er gewann nur sechs Grands Prix und seine Karriere an der Spitze dauerte weniger als vier Jahre – und doch hat Gilles Villeneuve seine unauslöschliche Spur in der Geschichte der Formel 1 hinterlassen. Nur wenige Piloten konnten die Menge so begeistern und gleichzeitig so polarisieren wie der kleine Kanadier. Er kam im Januar 1950 in Saint-Jean-sur-Richelieu zur Welt, auch wenn er stets behauptete, Jahrgang 1952 zu sein, um im Klassement der Grand-Prix-Piloten nicht zu weit oben zu rangieren. Er wuchs in Berthierville auf und begeisterte sich schon früh für das Autofahren und für Motoren, ebenso wie sein drei Jahre jüngerer Bruder Jacques. Mit 16 Jahren machte er den Führerschein, mit 20 heiratete er Joann und mit 21 wurde er Vater eines Sohnes, Jacques, auf den recht bald die Tochter Mélanie folgen sollte.

Gilles begann seine Rennen mit den gefährlichen Motorschlitten, die dem Fahrer großen Mut und auch eine gute Portion Leichtsinn abverlangen. Er war ein sehr guter Fahrer und so kam es, dass er sich bei 140 km/h Kopf-an-Kopf-Rennen mit ebenso überzeugten Widersachern lieferte, um das Geld für die Teilnahme an Automobilrennen in den Sommermonaten zu verdienen. 1973 war er schon Regionalmeister von Quebec in der Formel Ford. Anfang 1974 wurde er am Eagle River in Wisconsin zum Motorschlitten-Weltmeister gekürt. Mechanik begeisterte ihn und er liebte es, sämtliche Apparate, auch elektrische, auseinanderzunehmen und wieder zusammenzubauen, um zu verstehen, wie sie funktionierten. Sein Motorschlitten verfügte über eine von ihm selbst entwickelte hintere Aufhängung, die er mit Erfolg bei Rennen verwendete.

Mit dem Geld, das er im Schnee verdient hatte, debütierte er in der Formel Atlantic, wo er immer wieder großen finanziellen Schwierigkeiten ausgesetzt war, bis er von einem Geschäftsmann aus Montreal, Gaston Parent, der später sein Manager werden sollte, aufgefangen wurde. Parent unterstützte ihn 1976 finanziell, nachdem er ihn im Zweikampf gegen Keke Rosberg und beim Gewinn des ersten Rennens auf nasser Strecke in Gimli gesehen hatte. Mit seinem March gewann Gilles neun von zehn Rennen und holte sich den Meistertitel in dieser Kategorie. Hunt erzählte Teddy Mayer von McLaren Gutes über ihn. Während er weiterhin Rennen fuhr und 1977 die Formel-Atlantic-Meisterschaft gewann, erhielt Gilles urplötzlich einen Anruf von dem englischen Team, um beim Großen Preis von England in Silverstone mitzufahren. Sein Monoposto war schon alt, aber der Kanadier konnte trotzdem auf sich aufmerksam machen: Er fuhr an siebter Position, als ihn eine falsche Temperaturanzeige in die Boxen einfahren ließ. Als es aber darum ging, Lauda zu ersetzen, der nach seinem erneuten Titelgewinn das Team Ferrari frühzeitig verlassen hatte, fiel die Wahl direkt auf Villeneuve. Als er den Anruf in Kanada erhielt, dachte Gilles zuerst, es handele sich um einen Scherz. Dem »Commendatore« aber machte es Spaß, Wetten abzuschließen und zu beweisen, dass sogar ein unbekannter Kanadier mit dem Ferrari gewinnen konnte. Gilles debütierte 1977 in Montreal, ohne besondere Ergebnisse einzufahren. Dann ließ beim Großen Preis von Japan in Fuji das vorzeitige Bremsen von Peterson seinen Ferrari auf den Lotus des Schweden prallen, woraufhin zwei Zuschauer verletzt wurden, die dort nicht hätten stehen dürfen und die ihren Fehler später mit dem Leben bezahlten. So begann es, erste Kritiken zu hageln.

Villeneuve auszuwählen, war eine Art Wette für Enzo Ferrari. Nach einem schwierigen Start in der Formel 1 wurde der kanadische Rennfahrer zu einem der populärsten Piloten überhaupt.

GILLES VILLENEUVE — *SAINT-JEAN-SUR-RICHELIEU 18.1.1950*
LÖWEN 8.5.1982

BESTRITTENE GP	*67*
F-1-SIEGE	*6*
POLEPOSITIONS	*2*

Villeneuve 1979: Hier liegt er direkt nach dem Start beim Großen Preis von Österreich in Führung. Er war oft schneller als sein Teamkollege Scheckter, der aber dennoch Weltmeister wurde.

Zu Jahresende zog Gilles mit seiner Familie nach Cannes um, wo seine Kinder dem Schulunterricht in ihrer Muttersprache folgen konnten. Beim Rennen gab Villeneuve alles. 1978 begann der Aufstieg. Er lag in Long Beach an der Spitze, als er auf den Shadow des überrundeten Regazzoni prallte, und seitdem nannte man ihn »L'Aviatore«, den fliegenden Fahrer. In Monte Carlo hatte er wegen eines geplatzten Reifens einen erschreckenden Unfall an einer Tunnelausfahrt. Ferrari und sein Team nahmen ihn vor den Kritikern in Schutz und gaben ihm genug Zeit, um reifer zu werden, und so kam sein erster Sieg zu Jahresende in Montreal zustande.

1979 war er fast immer schneller als sein neuer Teamkollege Scheckter und gewann den Großen Preis von Südafrika ebenso wie zwei weitere Grands Prix in den USA, in Long Beach und Watkins Glen. Er erregte Aufsehen, musste aber oft ausscheiden, während sein Teamkollege wertvolle Platzierungen und drei Siege sammelte, die ihm den Weltmeistertitel brachten. Dem Publikum wurden dennoch einige Gelegenheiten geboten, sich für ihn zu begeistern, wie das denkwürdige Rad-an-Rad-Duell mit Arnoux beim Großen Preis von Frankreich oder die Fahrt auf drei Rädern in die Boxen in den Niederlanden, als Ergebnis einer Unverbesserlichkeit ohnegleichen. Er fuhr seine Rennen auf spektakuläre Weise und lebte in ständigem Angriffsmodus, sei es dem Kontrahenten gegenüber oder für die schnellste Rennrunde. Auch im alltäglichen Straßenverkehr fuhr er wie ein Verrückter und mit unglaublichen Geschwindigkeiten. Er war sich immer seiner Kontrolle über das Fahrzeug sicher.

1980 war kein gutes Jahr für Ferrari und 1981 lieferte ihm das Team aus Maranello den ersten Wagen mit Turbomotor. Er war

1981 gelangen Gilles mit dem ersten Turbo von Ferrari, dem 126CK, zwei unerwartete und für unmöglich gehaltene Siege bei den Großen Preisen von Monaco und Spanien.

launisch zu fahren, aber Gilles holte zwei meisterliche Leistungen aus seinem Zauberhut: den Sieg in Monte Carlo und den Triumph beim Großen Preis von Spanien, als er Laffite, Watson, Reutemann und de Angelis über das ganze Rennen hinweg hinter sich ließ. Didier Pironi war in seine Mannschaft gekommen und Gilles freundete sich mit ihm an, auch außerhalb der Rennstrecke. In der Zwischenzeit hatte er in nur drei Wochen den Hubschrauber-Pilotenschein abgelegt und gönnte sich eine siebensitzige Agusta 109, mit der er in ganz Europa herumflog. Er verfolgte die Autobahnstrecken aus der Höhe und sank immer wieder ganz nach unten ab, um die Angaben auf den Verkehrsschildern zu lesen. Unter seinen Spielsachen befand sich auch ein sehr schnelles Offshore-Motorboot: Im Grunde genommen lebte er stets den kleinen Jungen in sich aus.

1982 schien Ferrari endlich die Quadratur des Kreises gelungen zu sein: mit dem 126C2, der Gilles sicherlich den Titelgewinn hätte bringen können. Bedauerlicherweise aber zerbrach das gute Verhältnis zu Pironi in Imola unwiederbringlich. Unter dem »Slow«-Schild überholte der Franzose Gilles auf den letzten Metern des Rennens. Villeneuve empfand dies als fürchterlichen Affront, fühlte sich seines Sieges beraubt und gleichzeitig durch Ferrari despektierlich behandelt, obwohl er drei Jahre zuvor auf Scheckter Rücksicht genommen hatte. Zwei Wochen später war er dabei, beim Qualifying zum Großen Preis von Belgien in Zolder die Bestzeit von Pironi zu unterbieten, als er aufgrund eines tragischen Missverständnisses den Hinterreifen des March von Jochen Mass touchierte. Der Ferrari bäumte sich auf, und der Körper des kanadischen Piloten wurde in der Kurve aus dem Wagen herausgeschleudert. Gilles starb praktisch auf der Stelle.

MICHELE ALBORETO

Bis zu seinem 18. Lebensjahr war Michele Alboreto, wie viele andere auch, ein leidenschaftlicher Fan von Autorennen, der, so oft sich die Gelegenheit ergab, das Autodrom in Monza besuchte. Er wuchs in der Nähe von Mailand auf und war einer der wenigen, die es schafften, praktisch von ganz unten bis ganz nach oben zu gelangen. Nach seiner Führerscheinprüfung musste er sich noch gedulden, bis er genügend Geld zusammenhatte, um sich einen gebrauchten Monoposto mit verzogenem Rahmen für die Formel Monza leisten zu können. Alle, die etwas von der Sache verstanden, erkannten sofort sein Talent. Unter den Fittichen der Scuderia Salvati entwickelte er sich in der Formel Italia weiter, um 1979 in die Formel 3 zu wechseln, dank des Geldes, das ihm diejenigen liehen, die an ihn glaubten. Er war sofort einer der vielversprechendsten Fahrer der Kategorie und landete so bei einer der besten italienischen Mannschaften. Sein erster großer Erfolg war 1980 der Formel-3-Europameistertitel, den er mit einem March des Euroracing-Teams nach einer langen Aufholjagd auf Thierry Boutsen, seinen erbittertsten Konkurrenten auf Martini, erlangen konnte.

Michele wusste, dass der Weg nach oben noch lang und steil war. Seine Zielstrebigkeit, seine unerschütterliche Willenskraft und die Unterstützung durch Freunde und Sponsoren hatten ihn schon weit gebracht, aber es reichte noch nicht aus. Für 1981 hoffte er auf ein Engagement durch eine offizielle Mannschaft der Formel 2, aber er wurde praktisch stehen gelassen. Die Rettung kam durch Giancarlo Minardi, einen weiteren leidenschaftlichen Automobilsportliebhaber, der später eine eigene Formel-1-Mannschaft gründen sollte, die seinen Namen trug. Der Minardi war sicherlich anderen Wagen der offiziellen Teams – wie March, Ralt und Spirit – unterlegen, aber Alboreto nahm die Herausforderung an. Dann gab es schließlich einen Hoffnungsschimmer: Durch die Unterstützung eines italienischen Mäzens, des Grafen Gughi Zanon, wurde er zu Tyrrell bestellt, um beim Großen Preis von San Marino in Imola zu starten. Während des Rennens fuhr er in den Punkterängen, als er den Osella von Beppe Gabbiani touchierte. Dieser Kontakt bedeutete das Ende eines Debüts, das ihn zu einem Formel-1-Piloten gemacht hätte. Gegen Ende der Saison öffnete sich der Horizont in Misano noch einmal und es gelang ihm, mit Minardi ein Rennen der Formel-2-Europameisterschaft zu gewinnen. Bei den Rennen präsentierte sich Michele fast immer mit seiner Verlobten Nadia, die er schon als Kind in Rozzano kennengelernt hatte. Er war ein großer Fan von Ronnie Peterson und trug deshalb einen Helm in den Farben Blau und Gelb, so wie sein Lieblingspilot. Er verschaffte sich den Respekt der anderen Fahrer vor allem auf der Rennstrecke, angetrieben durch seinen inneren Drang, sich weiterzuentwickeln und sämtliche sich ihm bietenden Gelegenheiten zu ergreifen. Unter der Führung von Ken Tyrrell, dem unbezahlbaren Talentscout, gelang es Michele, sowohl als Fahrer, aber auch als Mensch zu reifen. 1982 kam in Las Vegas der erste Sieg in der Formel 1, am Ende einer Saison, während der er immer unter den Ersten gefahren war. Im Jahr darauf wiederholte er den Erfolg in Detroit beim anderen Großen Preis der USA. Die Zeit war nunmehr reif für einen weiteren großen Schritt nach vorn. Seit den Zeiten der Formel 3 war er schon in Kontakt mit Ferrari gewesen und so wurde Alboreto ausgewählt, um 1984 neben Arnoux in der Mannschaft aus Maranello zu fahren. Die Saison begann recht gut, mit einem schönen Sieg beim Großen Preis von Belgien, aber schnell zeigten sich die

Viele Jahre nach Ascari war Michele Alboreto der einzige italienische Pilot, der sich dem Weltmeistertitel auf Ferrari nähern konnte.

MICHELE ALBORETO — *MAILAND 23.12.1956*
SCHIPKAU 25.4.2001

BESTRITTENE GP	*194*
F-1-SIEGE	*5*
POLEPOSITIONS	*2*

Der Ferrari F187 von Alboreto sprüht Funken, nachdem er in Zeltweg beim Großen Preis von Österreich im Jahr 1987 den Asphalt berührt hat.

McLaren-Monopostos von Lauda und Prost als zu überlegen, um es mit ihnen aufnehmen zu können. Das Technikteam wurde ausgewechselt und Ferrari präsentierte sich 1985 erneut, dieses Mal mit einem viel konkurrenzfähigeren Wagen. Das Kopf-an-Kopf-Rennen zwischen Prost und Alboreto bestimmte von Anfang an die Meisterschaft. Michele verlor wegen eines Defekts den Grand Prix in Monte Carlo, den er eigentlich gewinnen sollte, aber er konnte die Zuschauer trotzdem begeistern, durch die enorme Aufholjagd bis auf den zweiten Platz, die charakteristisch für ihn war und dieses Rennen zu einem seiner schönsten machte. Er gewann erst in Montreal, dann auf dem Nürburgring und befand sich vor Beginn der finalen Phase an der Spitze der Weltmeisterschaftswertung. Zu seinem Pech beschloss Enzo Ferrari, den Lieferanten der Turbolader zu wechseln, und ab diesem Moment begann eine schmerzhafte Serie an Rückschlägen, die ihn zwang, die weiße Fahne zu hissen. Vielleicht wäre es an der Zeit gewesen, die Fronten zu wechseln, aber Michele blieb Ferrari 1986 treu und wurde dafür mit einem der schlechtesten Monopostos in der Geschichte Maranellos belohnt. 1987 stieß der Techniker John Barnard zu Ferrari, mit dem Alboreto aber nie zurechtkam. Außerdem zog Barnard Gerhard Berger vor. Es waren zwei schwierige Saisons, die seine sechs Jahre als Ferraristo abschlossen. Er hätte 1989 zu Williams wechseln können, doch eine schon getroffene Vereinbarung scheiterte im allerletzten Moment und so kehrte Michele zur Tyrrell zurück. Trotz geringerer Mittel, auch finanzieller Art, tat die Rückkehr dem Piloten und auch der Mannschaft gut. Nachdem er Sechster in Monte Carlo geworden war, gelang es Michele, sich beim Großen Preis von Mexiko als Dritter zu platzieren. Doch dann kam ein Sponsor hinzu,

Michele Alboreto auf dem Tyrrell-Cosworth 011, mit dem er 1983 den zweiten Großen Preis der USA gewann, der auf einer Stadtstrecke in Detroit ausgetragen wurde.

den Alboreto nicht mochte, und die Einheit brach wieder auseinander. Den Rest seiner Karriere bei der Formel 1 verbrachte er mit wenig wettbewerbsfähigen Fahrzeugen, mit ein paar Lichtblicken am Steuer von Arrows und später Footwork, die im Wesentlichen zum selben Team gehörten, und schloss seine Karriere 1994 mit Minardi ab. Daraufhin probierte er es mit Alfa Romeo bei der deutschen DTM-Meisterschaft und später in Amerika mit den Monopostos der Formel CART. Joest engagierte ihn schließlich, und er konnte auf einem Porsche Prototyp mit großer Genugtuung das 24-Stunden-Rennen von Le Mans gewinnen, zusammen mit Tom Kristensen und Stefan Johansson. Dieser Erfolg entschädigte ihn für die vorherige schwierige Zeit und führte dazu, dass Audi ihn einstellte, um in der Endurance-Weltmeisterschaft mitzufahren. Er war mittlerweile ein reifer Mann geworden, der sich um seine Geschäfte kümmerte und ein leidenschaftlicher Fan von Flugzeugen, Harley-Davidsons und Amerika war. Der Vater zweier Töchter, Alice und Noemi, gönnte sich noch seine Rennen und hatte den Traum, noch einmal in Le Mans zu gewinnen. Er fühlte sich sicher und lud seine alten Kumpel aus der Formel 1 dazu ein, mit ihm zusammen am Rennen teilzunehmen. Am Sonntag, dem 22. April 2001 war er mit einem Lamborghini beim Rennen in Monza, und dort sahen ihn seine Freunde zum letzten Mal. Am Mittwoch, dem 25. April drehte er gerade Testrunden mit dem neuen Audi auf dem Lausitzring, um sich auf das Rennen in Le Mans vorzubereiten. Bei voller Geschwindigkeit, mit weit mehr als 300 km/h, führte der langsame Druckverlust in einem der Reifen dazu, dass der Wagen hinten ausbrach, abhob, sich überschlug und umgedreht auf eine Betonmauer aufschlug. Michele hatte keine Überlebenschance.

ELIO DE ANGELIS

Man kann mit Sicherheit sagen, dass es Elio de Angelis an nichts gefehlt hat. Der Sohn von Giulio, einem berühmten Motorboot-Champion der Offshore-Klasse, wuchs in einer wohlhabenden römischen Familie auf. Er sah gut aus, war wohlerzogen und spielte hervorragend Klavier. Sein motorsportbegeisterter Vater ließ ihn schon als Jugendlichen Kartrennen fahren. Elio hatte sicherlich Talent und errang mehr als einen Erfolg bis hin zum Europameister 1976. In jenem Jahr begann er, auch mit Monopostos Rennen zu fahren. Dank der dort erreichten Ergebnisse konnte er im Jahr darauf direkt in die Formel 3 einsteigen. Mit einem Chevron gewann er schon beim dritten Rennen seines Lebens in dieser Kategorie und schnappte daraufhin Ghinzani den italienischen Meistertitel vor der Nase weg, beim letzten Rennen der Saison. Auch bei der Europameisterschaft schlug er sich wacker und erreichte den für einen Anfänger exzellenten siebten Platz. 1978 präsentierte er sich am Start des für die Cadette-Monopostos reservierten Großen Preises von Monaco mit der festen Absicht zu gewinnen. Im Finale des Rennens hatte er dicht auf den Franzosen Patrick Gaillard aufgeholt, als dieser die Ideallinie beim Herunterbremsen in der Loews-Kurve öffnete und de Angelis den Kontrahenten mit Entschlossenheit und Tücke innen in der Kurve angriff, wobei dieser aber auf die Seite kippte. Es gelang ihm dann, sich beim wichtigsten Rennen der Formel 3 zu behaupten, vor den Augen der Manager von Grand-Prix-Mannschaften. Auch Ferrari war auf ihn aufmerksam geworden und ließ ihn einige Testrunden mit dem von Reutemann und Villeneuve verwendeten 312 T3 fahren, aber der Kontakt wurde nicht weitergeführt. Bei seinen Rennen in der Formel 2 konnte er zwar einige Platzierungen erreichen, aber die Ergebnisse waren nicht sensationell. Nach den Testfahrten bei Ferrari und einer Annäherung durch Brabham und Tyrrell debütierte Elio 1979 in der Formel 1 mit dem Shadow des Amerikaners Don Nichols, einem recht sonderlichen Typen, der als CIA-Agent im Nahen Osten gearbeitet haben soll.

Er war noch keine 21 Jahre alt, als er zum ersten Mal in Argentinien Rennen fuhr. Dort erreichte er einen ermutigenden siebten Platz, der dazu beitrug, die Aufmerksamkeit auf sich zu ziehen, trotz der Schwächen des Shadow, der ganz offensichtlich nicht mehr konkurrenzfähig war. De Angelis glich den Mangel an Erfahrung mit seinem Enthusiasmus und Siegeswillen aus, und so konnte er ganz am Ende der Meisterschaft die Früchte seiner Bemühungen ernten. Beim Großen Preis der USA in Watkins Glen erreichte der junge Römer auf nasser Piste einen brillanten vierten Platz und die Beachtung durch Colin Chapman. Der Eigentümer von Lotus holte ihn 1980 als Teamkollegen für Mario Andretti, was sich mit einem schönen zweiten Platz beim Großen Preis von Brasilien, der dem zweiten Startplatz in Argentinien folgte, für ihn auszahlte. Die große Motivation des Italieners in jener Saison hielt Lotus über Wasser, mit zwei vierten Plätzen in Imola und Watkins Glen.

De Angelis war reifer geworden, als Nigel Mansell 1981 in seine Mannschaft kam. Er war ein echter Pilot geworden, mit genau bemessenen Reaktionen. Auch sein gewisser jugendlicher Überschwang gehörte nunmehr der Vergangenheit an. Er glich die mangelnde Konkurrenzfähigkeit des Lotus optimal aus und holte als echter Profi alle machbaren Platzierungen. Im unglückseligen Jahr

Elio de Angelis war nicht nur ein sehr guter Rennfahrer, sondern auch ein begnadeter Pianist.

ELIO DE ANGELIS — ROM 26.3.1958 — MARSEILLE 15.5.1986

BESTRITTENE GP	108
F-1-SIEGE	2
POLEPOSITIONS	3

Das erste Rennen von de Angelis auf einem Lotus beim Großen Preis von Argentinien im Jahr 1980 endete mit dem Bruch einer Aufhängung, der ihn nach wenigen Runden zum Aufgeben zwang.

1982, in welchem Villeneuve und Pironi die Bühne verließen, ging der Titel an Rosberg, der nur einen einzigen Grand Prix gewonnen hatte, und doch gab es auch einen Erfolg für Elio. Auf der schnellen Strecke in Zeltweg, beim Großen Preis von Österreich, flog der Bannerträger von Lotus regelrecht an Keke Rosbergs Williams vorbei, der sich mit fünf Hundertstel Rückstand als Zweiter platzierte. Der Wechsel auf Renault-Motoren machte den Lotus 1983 zu einem unzuverlässigen Wagen, aber im Jahr darauf verbesserte sich die Situation und de Angelis konnte die Meisterschaft nach einer großen Serie an Punkteplatzierungen auf dem dritten Platz beenden, hinter Lauda und Prost, die den unbesiegbaren McLaren fuhren.

Oft begleitete ihn sein Vater Giulio und manchmal auch seine Geschwister Roberto, Andrea und Fabiana, und Elio wurde zu einer festen Bezugsgröße im Paddock der Formel 1. Er stand den Journalisten immer zur Verfügung, auch wenn er Kritik nicht kommentarlos an sich vorübergehen ließ. Er bot auch Denis Jenkinson Paroli, dem Star der englischen Motorsport-Presse, der durch seinen Sieg bei der Mille Miglia im Jahr 1955 zusammen mit Stirling Moss berühmt geworden war. Wer mit ihm zu tun hatte, beschrieb ihn als freundlich und höflich. Auch die schöne Ute Kittelberger, ein deutsches Fotomodell, die seine Verlobte wurde, gefiel allen. Elio hatte außerhalb der Rennstrecke ebenfalls seinen Spaß. Das deutsche Fernsehen lud ihn ein, anlässlich eines Grand Prix ein Klavierstück zu spielen. Diesem Wunsch kam er nach, gab eine Eigenkomposition zum Besten und erklärte, dass er – wenn er kein Rennfahrer geworden wäre – liebend gern Musik komponiert hätte.

Einer der letzten Auftritte von Elio de Angelis am Steuer eines Lotus beim Großen Preis von Europa, der auf der Strecke im englischen Brands Hatch im Oktober 1985 ausgetragen wurde.

Seine harmonische Welt wurde aber jäh gestört, als Lotus ankündigte, Ayrton Senna, dem der Ruf des unbesiegbaren Champions vorausging, einstellen zu wollen. In Brasilien erreichte de Angelis beim ersten Grand Prix die Poleposition und nach der Qualifikation lag ein strahlendes Lächeln auf seinem Gesicht. In Portugal gewann der Brasilianer seinen ersten Grand Prix und de Angelis reagierte darauf mit einem Sieg in Imola, den er allerdings nur durch die Disqualifikation von Prost erreichen konnte. Gegen Mitte der Saison führte der Römer die Meisterschaft an, aber Senna war mittlerweile dabei, innerhalb des Teams die Oberhand zu gewinnen, auch dank seines Sieges in Belgien und weil er sich mehrmals besser als Elio platzieren konnte. De Angelis war überzeugt davon, dass Lotus nicht in der Lage war, beiden Piloten die gleichen Konditionen anzubieten. Er akzeptierte deshalb das Angebot von Brabham und wechselte 1986 an den Hof von Ecclestone. Diese Wahl sollte sich sehr schnell als Fehlentscheidung erweisen. Der neue Brabham-BMW war nicht nur ein komplizierter Rennwagen, sondern auch langsam und unzuverlässig. Nach einem achten Platz und dreimaligem Ausscheiden bei drei Grands Prix testete Elio den Wagen am 15. Mai in Castellet. Er fuhr mit einer Geschwindigkeit von etwa 270 km/h, als wahrscheinlich ein Heckflügel abbrach, der Wagen abhob und sich mehrmals überschlug, um gegen die Leitplanken zu prallen und kopfüber liegen zu bleiben. Elio zog sich Verletzungen am Kopf und an der Wirbelsäule zu, aber gestorben ist er Stunden später aufgrund der Rauchvergiftung, die er sich durch den Brand seines von der Piste geflogenen Wagens zugezogen hatte.

NELSON PIQUET

Drei Weltmeistertitel in der Formel 1 reichten nicht aus, um wirklich jeden von den Qualitäten Nelson Piquets zu überzeugen. Sein Vater, Estácio Souto Maior, war nicht nur Arzt, sondern auch Gesundheitsminister Brasiliens und zudem ein sehr guter Tennisspieler. Anfangs trat Nelson noch auf dem roten Sandplatz in die Fußstapfen des Vaters, um sich daraufhin fürs Kartrennen zu entscheiden. Die Familie war gegen seinen Wunsch, Rennen zu fahren, und so wählte er für die ersten Wettkämpfe den Nachnamen der Mutter, Clotilde Piquet, und verkürzte ihn auf das Pseudonym »Piket«. 1976 fuhr er Rennen in der Formel Super Vee mit einem Fahrzeug, das er den Fittipaldi-Brüdern abgekauft hatte, und wurde Landesmeister. Im darauffolgenden Jahr landete er auf Anraten des zweifachen Weltmeisters Emerson in Europa, um in der Formel 3 zu fahren. Er gewann zwei Rennen in der Europameisterschaft und entschied sich dann, auf England zu setzen. Am Steuer eines Ralt gewann er 13 Rennen von 26, wurde Englischer Meister der BP-Serie in der Formel 3 und erreichte den zweiten Platz in der Vandervell-Serie.

Nach weniger als zwei Jahren auf dem alten Kontinent debütierte Nelson in der Formel 1. Die Gelegenheit dazu bekam er von Ensign beim Großen Preis von Deutschland, fuhr aber die späteren Rennen in Österreich, den Niederlanden und Italien mit dem alten McLaren eines privaten Teams, BS Fabrications. Bernie Ecclestone war auf ihn aufmerksam geworden und bot ihm an, beim Großen Preis von Kanada mit dem dritten Brabham-Alfa Romeo zu fahren. Seine Leistung konnte überzeugen und Ecclestone wählte ihn 1979 als Teamkollegen von Niki Lauda aus. Unter häufigen Ausfällen konnte er mit dem vierten Platz beim Großen Preis der Niederlande auch ein Glanzlicht setzen. Dann kam es in Montreal zu einer großen Überraschung, als Lauda vorzeitig zurücktrat und Nelson somit erster Fahrer bei Brabham wurde, die genau zu jenem Zeitpunkt von den Alfa-Romeo-Motoren auf Cosworth umgestiegen waren.

Piquet bildete ein eingespieltes Team mit Gordon Murray, dem Entwickler der Fahrzeugchassis, und hatte auch damit begonnen, jeden Vorteil gegenüber Lauda innerhalb des Teams auszuschöpfen. Man konnte ihn noch nicht als erfahrenen Piloten bezeichnen, aber er war gut darin, im Jahr 1980 die Konkurrenzfähigkeit seines Monopostos auszunutzen. Er gewann seinen ersten Grand Prix in Long Beach und stieg auch in Zandvoort und Monza auf die höchste Stufe des Treppchens. 1981 erfanden Murray und Brabham ein System zur Verbesserung der Bodenhaftung, das den Wagen auf die Strecke saugte, um den »Ground Effect« zu nutzen. Bevor das System von anderen kopiert werden konnte, nutzte Piquet es aus, um in Argentinien und beim Großen Preis von San Marino in Imola zu gewinnen. Der darauffolgende Sieg in Hockenheim untermauerte seine Anwartschaft auf den Titel, aber erst das Rennen in Las Vegas sollte die Entscheidung bringen. Favorit war Carlos Reutemann auf Williams, aber der von der Poleposition startende Argentinier bekam bald Probleme mit dem Getriebe und sein fünfter Platz brachte Piquet den ersten Weltmeistertitel ein.

1982 wechselte Brabham zu BMW-Motoren und die Saison verlief eher schlecht. Nelson konnte dennoch den Großen Preis von Kanada in Montreal gewinnen, auch wenn er unter Ölverlust aus dem Kühler zu leiden hatte, der ihm Verbrennungen am Fuß be-

Drei Weltmeistertitel sind die Visitenkarte von Nelson Piquet, der mit dem Nachnamen seiner Mutter in die Geschichte einging. Sein Vater war Arzt und Minister der brasilianischen Regierung.

NELSON PIQUET	*RIO DE JANEIRO 17.8.1952*
BESTRITTENE GP	*204*
F-1-SIEGE	*23*
POLEPOSITIONS	*24*
F-1-WELTMEISTER	*1981, 1983, 1987*

Der schöne und fast unschlagbare Williams-Honda des Jahres 1987 ermöglichte es Piquet, den dritten Weltmeistertitel zu erringen – zulasten seines Teamkollegen Nigel Mansell.

scherte. Im Jahr darauf musste Piquet bis zum letzten Rennen mit Alain Prost auf Renault um den Titel kämpfen. Nicht ohne Polemik, wegen der Verwendung eines Treibstoffes mit hoher Oktanzahl, der daraufhin aber als regulär deklariert wurde, ermöglichte es der Brabham-BMW Nelson Piquet, den Weltmeistertitel nach dem letzten Rennen, dem Großen Preis von Südafrika in Kyalami, entgegenzunehmen, wo er Dritter wurde, als Prost aus dem Rennen ausgeschieden war.

In seinem Privatleben versuchte Nelson, sich nichts entgehen zu lassen. Er hatte schon 1976 geheiratet und wurde kurz darauf Vater, ließ sich aber wieder scheiden, als sein Sohn Geraldo noch ganz klein war. Er liebte das Vergnügen, war dem schönen Geschlecht sehr zugetan und gab auch zu, eher faul zu sein. Während seiner Zeit bei Brabham verlobte und verheiratete er sich mit Sylvia Tamsma, die ihm drei Kinder schenkte. Während einer Krise des Paares bekam er ein weiteres Kind von Katherine Valentin, einem belgischen Model, die das Ambiente der Formel 1 mochte.

Die Wahl, mit Pirelli-Reifen zu fahren, erleichterte 1985 nicht gerade die Zusammenarbeit von Piquet mit Brabham, trotz seines Sieges beim Großen Preis von Frankreich. Zum Jahresende beschloss Piquet, das Angebot von Williams und Honda anzunehmen und verließ Bernie Ecclestones Hof, um mit dem zu jener Zeit besten Monoposto zu fahren. Bei Williams angekommen, versuchte er, seine technischen und politischen Fähigkeiten weitestmöglich auszunutzen, um Mansell zu destabilisieren. Einerseits übte er Druck auf Honda aus, andererseits beschuldigte er Williams, den englischen Piloten vorzuziehen. Er griff Mansell auch persönlich an, indem er erklärte, sein Teamkollege sei schlecht erzogen und habe eine unattraktive Ehefrau. Am Ende der Saison profitierte Prost von dieser Rivalität und holte sich den Titel beim letzten

Die Verbindung mit Honda brachte Piquet in den Jahren 1988 und 1989 zu Lotus, wo er Senna ersetzte. Hier fährt er 1989 auf nasser Strecke in Montreal beim Großen Preis von Kanada.

Rennen. 1987 wurde Piquet Opfer eines schweren Unfalls in Imola, als er nach dem Abbruch eines Flügels in der Tamburello-Kurve gegen eine Mauer prallte. Er musste das Rennen verlassen, konnte aber während der restlichen Saison wieder aufsteigen. Mansell übertrumpfte ihn oft, aber dennoch war Nelson sehr gut darin, wo immer möglich Punkte zu sammeln. Trotz der nur drei Siege, gegen die sechs Siege des Teamkollegen, wurde er zu Jahresende wieder Weltmeister und holte sich somit zum dritten Mal den Titel.

In der Zwischenzeit war eine weitere erbitterte Rivalität mit seinem Landsmann Ayrton Senna entstanden, der ihm inzwischen selbst in Brasilien die Show stahl. Auch bei Senna wendete er jede mögliche Taktik an, inklusive der Anspielung, Senna sei schwul. Eines seiner größten Erfolgserlebnisse war es, als er ihn im Jahr 1986 beim Großen Preis von Ungarn auf der Budapester Rennstrecke in der Außenlinie einer Kurve überholen konnte. Der Aufstieg Sennas fiel zeitlich zusammen mit dem Abstieg Piquets, der punktelos bei Lotus gelandet war, um Ende 1991, nach weiteren zwei Jahren bei Benetton, seine Formel-1-Karriere zu beenden. Mit dem Briatore-Team gewann er trotzdem noch drei Grands Prix, darunter den letzten in Montreal. Nachdem er die Formel 1 verlassen hatte, versuchte er 1992 sein Glück in Indianapolis und erlitt dort den schlimmsten Unfall seiner Karriere, als er mit seinem Lola frontal gegen eine Mauer prallte und sich schwere Verletzungen an den Knöcheln und den Füßen zuzog. Er kehrte nach Brasilien zurück und widmete sich mit Erfolg verschiedenen Unternehmen, darunter auch einer Firma für satellitenkontrollierte Transporte. Sein Sohn Nelson junior trat in seine Fußstapfen und brachte es in den Jahren 2008 und 2009 mit Renault bis in die Formel 1. In der Zwischenzeit hat der quirlige Piquet zum dritten Mal geheiratet und ist Vater von zwei weiteren Söhnen geworden.

NIGEL MANSELL

Sein vollständiger Name lautet Nigel Ernest James Mansell. Er ist einer der populärsten Rennfahrer, den Großbritannien hervorgebracht hat, und steht beispielhaft für beharrliche Zielstrebigkeit. Als Sohn eines Ingenieurs wurde Nigel schon als Kind zum Fan von Jim Clark und traf die Entscheidung, eines Tages ebenfalls Rennfahrer werden zu wollen. Die ersten Rennen fuhr er im Kart und wechselte im nächsten Schritt in die Formel Ford. In dieser Kategorie wurde er 1977 Englischer Meister. Er gewann den Großteil seiner Rennen, hatte aber auch einen schweren Unfall bei einer Testfahrt in Brands Hatch, bei dem er sich einen Halswirbel brach. Die Ärzte rieten ihm, mindestens sechs Monate lang zu ruhen, aber seine Antwort darauf bestand darin, das Krankenhaus fluchtartig zu verlassen – trotz des Risikos, bei eventuellen weiteren Verletzungen im Rollstuhl zu landen. Nigel hatte seine Lebensgefährtin Rosanne bereits geheiratet, und zusammen hatten sie einen Teil ihrer persönlichen Habseligkeiten verkauft, um die Saison in der Formel Ford 1600 zu finanzieren, aus der Nigel als Sieger hervorging. Drei Wochen vor dem Unfall hatte Mansell auch noch seinen Job als Luftfahrttechniker gekündigt. Rosanne hatte blindes Vertrauen in Nigels Fähigkeiten und zögerte kein bisschen, eine Hypothek auf das Haus aufzunehmen, um an das für sein Debüt in der Formel 3 notwendige Geld zu kommen. Die Anfänge waren nicht ermutigend, aber es gelang ihm dennoch, auf sich aufmerksam zu machen und 1979 offizieller Fahrer im Team von Dave Price zu werden. In seinem zweiten Jahr in der Formel 3 hatte Mansell im September in Oulton Park wieder einen schrecklichen Unfall, bei dem sein Wagen sich in den von Andrea de Cesaris einhakte. Drei gebrochene Halswirbel hinderten ihn aber nicht daran, der Aufforderung von Colin Chapman zu folgen, der ihn zu einem Test mit dem Formel-1-Lotus in Le Castellet eingeladen hatte. Das war die Chance seines Lebens. Nigel nahm massenhaft Medikamente gegen die Schmerzen ein, nur um den Lotus testen zu können. Die Testfahrt war erfolgreich und so wurde Nigel 1980 als dritter Pilot des Teams ausgewählt, zusammen mit Andretti und de Angelis.

Es war ein Wendepunkt in seiner Karriere, als Chapman begann, die Qualitäten des englischen Piloten als Testfahrer kennen und schätzen zu lernen. Nachdem er in Monte Carlo erfolglos Rennen auf einem Formel-3-March gefahren war, wurde Mansell von Ralt für die Formel 2 engagiert, um den Honda-Motor zu lancieren. Das Ereignis des Jahres aber war das Debüt mit dem Lotus beim Großen Preis von Österreich. Der erste Kontakt mit der Formel 1 war schmerzhaft, denn ein Spritleck im Cockpit verursachte ihm Verbrennungen zweiten Grades. Chapman beförderte ihn 1981 zum ersten Fahrer in einer Saison, die ihm als Lehrjahr diente und mit dem dritten Platz beim Großen Preis in Belgien gekrönt wurde. Der Tod des Gründers von Lotus im Dezember 1982 war ein schwerer Schlag für Mansell: Er hatte seinen Mentor verloren. In den beiden darauffolgenden Jahren bei Lotus fuhr er immer wieder allerhöchste Geschwindigkeiten, auch dank seines großen Mutes. Der Wettbewerb mit dem erfahreneren Elio de Angelis fiel ihm schwer, aber 1984 machte er etwas ungeschickt auf sich aufmerksam. Auf nasser Strecke in Monte Carlo fuhr er mit einem komfortablen Vorsprung vor allen anderen an der Spitze, gab aber weiterhin so viel Gas, dass er gegen eine Begrenzung prallte. Sein voller Einsatzwille fand kaum

Der Schnauzbart war auch für Nigel Mansell ein unverwechselbares Markenzeichen. Als Rennfahrer wird man ihn für seine starke Willenskraft und seinen großen Mut in Erinnerung behalten.

NIGEL MANSELL — *UPTON-UPON-SEVERN 8.8.1953*

BESTRITTENE GP	187
F-1-SIEGE	31
POLEPOSITIONS	32
F-1-WELTMEISTER	1992

seinesgleichen. Unter der sengenden Sonne in Dallas schob er seinen Wagen, dem der Sprit ausgegangen war, unter Aufbietung seiner letzten Kräfte bis ins Ziel, nur, um das Rennen tatsächlich zu beenden.

Der Wechsel zu Williams stellte die zweite große Wende für ihn dar. Mit dem Honda-Motor wurden die Monopostos des Teams immer konkurrenzfähiger, und beim Großen Preis von Europa Anfang Oktober in Brands Hatch konnte er endlich seinen verdienten ersten Grand-Prix-Sieg nach Hause tragen. Er wiederholte diese Leistung auch beim nächsten Mal und war unter den Favoriten für den Titelgewinn des Jahres 1986. Die Wagen von Williams waren die durchsetzungsfähigsten, doch war das Zusammenleben mit dem neuen Teamkollegen Piquet nicht einfach für Nigel. Zum Jahresende verlor er beim letzten Rennen wegen eines einzigen Punktes den Titel, nach dem aufsehenerregenden Reifenplatzer am Ende der längsten Gerade in Adelaide. 1987 dominierte er die Meisterschaft und seinen Teamkollegen, aber trotz seiner sechs Siege, im Vergleich zu den nur drei Siegen von Nelson Piquet, war es der Brasilianer, der den Weltmeistertitel holte. Bei einem seiner diversen Missgeschicke touchierte Mansell in Belgien Senna, verlor in Ungarn an der Spitze fahrend einen Reifenbolzen und flog beim Qualifying für den Großen Preis von Japan von der Strecke, wobei er sich wieder am Rücken verletzte. Seine Fans aber verehrten ihn für seinen Mut und seine Entschlossenheit, wohingegen seine andauernden Wutausbrüche und Klagen der Presse und den Mitarbeitern, inklusive Frank Williams, seinem neuen Arbeitgeber, weniger gefielen. Nachdem die Honda-Motoren begannen, Verluste einzufahren, kämpfte er sich 1988, so gut er konnte, bei Williams durch, bis er von Ferrari engagiert wurde.

Im ersten Jahr fuhr Nigel bei Ferrari zusammen mit Berger und im zweiten mit Prost und erreichte drei Siege, darunter auch den unerwarteten Sieg 1989 beim Debüt in Brasilien und noch im selben Jahr in Ungarn, wo er Senna zu dessen Überraschung überholte. In Italien gab man ihm den Spitznamen »Il Leone« (der

Oben Nachdem er auf Lotus debütiert hatte, wechselte Mansell zum Williams-Team, mit dem er seinen ersten Sieg beim Großen Preis von Europa im Oktober 1985 in Brands Hatch einfahren konnte.

Colin Chapman bot Mansell die Möglichkeit, in die Formel 1 einzusteigen. Hier wurde der englische Pilot 1981 auf einem Lotus in Zeltweg fotografiert, wo er ein Jahr zuvor debütiert hatte.

Einer der Siege, an die sich Mansell am liebsten erinnert, ist jener von Silverstone im Jahr 1992 – mit einer frenetisch applaudierenden Zuschauermenge und der roten Nummer 5, die nunmehr zum Symbol geworden war.

Löwe), wegen seiner unbezwingbaren Kampfstärke. Trotzdem schien er 1990 unter Prost zu leiden, so sehr, dass er in Silverstone seinen Abschied ankündigte. Die Sirenen des starken Williams-Renault aber überzeugten ihn, seine Meinung zu ändern, und 1991 gewann er weitere fünf Grands Prix und verlor den Titel nur aufgrund der Unzuverlässigkeit seines Monopostos im Vergleich zu Sennas Wagen. Zwischen ihm und dem Brasilianer bestand eine intensive Rivalität. Nigel war nicht nur ein guter Golfspieler, sondern praktizierte auch Kampfsportarten, und so kam es, dass er 1987 in Spa Ayrton Senna am Kragen seines Overalls packte, hochhob und an die Wand »klebte«. Die Duelle zwischen den beiden waren spektakulär, wenn auch mit ein paar Unfällen und Berührungen zu viel.

Mansell holte 1992 mit Zins und Zinseszins wieder auf, indem er das Potenzial des Williams mit den aktiven Radaufhängungen maximal ausschöpfte. Er wurde nach seinem Triumph in Silverstone Weltmeister und drehte dort zwischen den beiden Flügeln der vor Jubel tobenden Menge seine Ehrenrunde. Am Jahresende kündigte Williams an, Prost zu engagieren. Um nicht eine weitere Saison mit einem Teamkollegen verbringen zu müssen, der jedes Mal, wenn er aus dem Monoposto ausstieg, die Teampolitik aufmischte, bevorzugte Mansell es, in Amerika Rennen zu fahren, wo er die CART-Meisterschaft gewann und einen Erfolg in Indianapolis nur ganz knapp verpasste. Nach dem Unfall Sennas im Jahr 1994 rief Williams Nigel zurück, um ihn bei weiteren vier Rennen einzusetzen. So stieg er noch einmal auf das höchste Treppchen des Podests, beim Großen Preis von Australien in Adelaide.

Zur großen Überraschung aller unterschrieb er 1995 bei Ron Dennis für McLaren, obwohl zwischen den beiden noch nie ein besonders gutes Verhältnis bestanden hatte. Doch schon nach kurzer Zeit, mit mittlerweile 41 Jahren, kündigte er an, sich definitiv zurückziehen zu wollen, nach nur zwei gefahrenen Rennen. Mansell ist Vater von drei Kindern, Leo, Greg und Chloé, und Besitzer eines Golfplatzes, Woodbury Park in Devon, nachdem er sein Leben lang auf professionellem Niveau Golf gespielt hatte. Er hat sich den Schnauzer abrasiert, ist leidenschaftlicher Radfahrer geworden – und Amateurzauberer. Darüber hinaus hat er noch an einigen Rennen teilgenommen, darunter auch am 24-Stunden-Rennen von Le Mans im Jahr 2010, zusammen mit Leo und Greg, doch nach nur fünf Runden schieden sie aus.

Oben Der chaotische Start 1989 beim Großen Preis von Frankreich in Le Castellet, als der Leyton House von Gugelmin regelrecht über Mansells Ferrari hinwegfliegt.

ALAIN PROST

Der erfolgreichste französische Formel-1-Pilot kam in der Loire-Region zur Welt und war als Kind ein sehr guter Fußballer, der das Potenzial hatte, in den oberen Ligen mitzuspielen. Im Alter von 14 Jahren entdeckte Alain Marie Pascal Prost während der Ferien in Südfrankreich den Kartsport. 1975 wurde er Französischer Meister in dieser Kategorie und finanzierte sich den Sport durch den Verkauf von Karts und die Aufbereitung der Motoren. Seine weitere Entwicklung brachte ihn zur Formel Renault, wo er sofort Erfolge einfahren konnte und die Französische Meisterschaft 1976 mit seinen zwölf Siegen in 13 Rennen dominierte. 1977 triumphierte er in der höheren Klasse, der Formel Super Renault, und der nächste Schritt führte ihn in die Formel 3. 1979 gewann er die Französische und die Europameisterschaft mit seinem Martini-Renault und siegte auch in Monte Carlo.

Der Wechsel in die Formel 1 war praktisch nur noch eine Formalität, und so war es das Team McLaren, das den kleinen Franzosen mit der Hakennase engagierte. Dieser machte dann auch gleich dem erfahrensten Fahrer des Teams, John Watson, zu schaffen. Prost erhielt einen Punkt für den sechsten Platz bei seinem Debüt in Argentinien und errang daraufhin den fünften Platz in Brasilien. Neben ein paar weiteren Punkteplatzierungen verbuchte er, aufgrund des recht fragilen Fahrzeugs, aber auch mehr als einen Unfall für sich. In Kyalami brach er sich das Handgelenk und auch in Watkins Glen erlitt er Verletzungen. Er schwor sich, nie mehr für McLaren zu fahren, und unterschrieb 1981 bei Renault, wo er zusammen mit René Arnoux fuhr. Er gewann den Großen Preis von Frankreich in Dijon und holte zwei weitere Siege in den Niederlanden und in Italien. Das Jahr darauf begann mit zwei Erfolgen, aber es sollten die einzigen bleiben in einer Saison, die ihn in große Unstimmigkeiten mit Arnoux geraten ließ, woraufhin dieser zum Jahresende seine Koffer packte und zu Ferrari wechselte.

Prost war sicherlich schnell, aber er arbeitete nicht nur auf der Rennstrecke. Als schon pedantisch anmutender Liebhaber der Mechanik kontrollierte er immer wieder jedes einzelne Teil seines Wagens. Wie schon zu Zeiten von Renault versuchte er außerdem, einen gewissen Einfluss auf das Team auszuüben, für das er fuhr, und verwickelte sich nicht nur in teampolitische Intrigen, sondern auch in so manchen Konflikt mit seinen Teamkollegen. 1983 verloren er und Renault die Meisterschaft beim allerletzten Rennen, nachdem sie während der gesamten Saison mit dem Brabham-BMW von Piquet gekämpft hatten. Alain hatte vier Rennen gewonnen, gegen drei Siege des Brasilianers, und erlitt sodann einen Motorschaden in Kyalami. Innerhalb des Renault-Teams hatte er sich einige Feinde gemacht und wurde zum Sündenbock für die Niederlage. Am Ende der Saison kehrte er zu McLaren zurück, die in der Zwischenzeit von Ron Dennis übernommen worden waren, und verlegte seinen Wohnsitz in die Schweiz, zusammen mit seiner Frau Anne-Marie, die er 1980 geheiratet hatte, und dem Sohn Nicolas, der kurz darauf zur Welt gekommen war.

Bei McLaren traf Alain auf Niki Lauda und begann, diesen in puncto Geschwindigkeit regelmäßig zu schlagen. Dann kam der umstrittene Große Preis von Monte Carlo, der vom Rennleiter

Ferrari konnte für jeden schwierig werden. Auch Alain Prost fand trotz seiner fünf Siege 1990 keinen guten Abschluss mit dem Team aus Maranello.

GOODYEAR
RENAULT
elf
Labatt's
CAMEL
CHAMPION
Kickers

Links Prost feiert den zweiten Platz bei seinem letzten Rennen in der Formel 1 beim Großen Preis von Australien 1993. Danach zog er sich als amtierender Weltmeister zurück.

Rechts Der Franzose 1981 am Steuer eines Renault. In jenem Jahr holte er sich die ersten Siege seiner Karriere, die sich am Ende auf 51 summieren sollten.

Jacky Ickx aufgrund von Regenfällen vorzeitig abgebrochen worden war, während der junge Ayrton Senna auf ihn aufholte. Prost gewann das Rennen, konnte aber nur 4,5 Punkte einsammeln, entgegen den normalerweise neun Punkten bei zu Ende gefahrenen Rennen. Beim entscheidenden Großen Preis in Estoril reichte Lauda der zweite Platz hinter Prost, um die Meisterschaft mit einem halben Punkt Vorsprung zu gewinnen und den Franzosen die vorgezogene Zieleinfahrt in Monte Carlo vielleicht bereuen zu lassen, wo er sechs Punkte für seinen zweiten Platz kassiert hatte.

Diese Niederlage ließ Prost reifen; er hatte seine Lehre daraus gezogen. Er wurde nun noch akribischer und analytischer in der Vorbereitung der Rennwagen. Seine intelligente Art, sich auf die Rennen vorzubereiten, trug ihm den Titel »Professor« ein. 1985 begann er, die Früchte seiner Weiterentwicklung zu ernten, als er den ersten glanzvollen Meistertitel gewann. Im Jahr darauf war er mit Keke Rosberg im Team und beobachtete, wie der Finne im Qualifikationstraining zwar einige Male schneller fuhr als er, sich aber beim Rennen nicht behaupten konnte. Mit einer Reihe von Platzierungen und Siegen im richtigen Moment wurde Alain 1986 erneut und überraschend Weltmeister, trotz der schnelleren Konkurrenten von Williams. Prost arbeitete in perfektem Einklang mit den Technikern und war besonders gut darin, den Wagen auf seine Bedürfnisse und die Ressourcenschonung während des Rennens einzustellen. Wie für Stewart war es auch für ihn wichtig, mit so wenig Anstrengung wie möglich zu siegen. Stefan Johansson, der 1987 im Team mit ihm fuhr, war beeindruckt von Prosts Fähigkeit, seine Daten und Beobachtungen an die Techniker weiterzugeben.

1988 ging McLaren zu Honda-Motoren über und Senna trat in die Mannschaft ein. Er war sehr schnell, vor allem im Qualifikationstraining, und Alain war so klug, dies sofort zu erkennen. Anstatt zu versuchen, Senna im Training zu schlagen, konzentrierte er sich – so wie Lauda vier Jahre zuvor – auf die Rennvorbereitung. 1988 gewann Senna den Titel in einer Saison, in der McLaren nur der Große Preis von Italien in Monza entgangen war. Im Jahr darauf brach eine heftige Rivalität zwischen den beiden aus,

ALAIN PROST	*LORETTE 24.2.1955*
BESTRITTENE GP	*199*
F-1-SIEGE	*51*
POLEPOSITIONS	*33*
F-1-WELTMEISTER	*1985, 1986, 1989, 1993*

auch weil sich Senna in Imola nicht an eine zuvor getroffene Vereinbarung gehalten und Prost in der zweiten Kurve überholt hatte. Beim Großen Preis von Japan berührten sich die Wagen beider, woraufhin Senna disqualifiziert wurde und den Titel an Prost abgeben musste. Im Laufe des Jahres häuften sich die Streitigkeiten und Prost warf Honda letztendlich vor, ganz offensichtlich auf der Seite des Brasilianers zu stehen. Alain hatte bereits seinen Wechsel zu Ferrari angekündigt und so trafen die beiden 1990 direkt aufeinander. Wiederum in Japan hätte Prost das Rennen gewinnen müssen, um noch auf den Titel hoffen zu können. Senna war auf der falschen Seite der Bahn in der Poleposition und legte deshalb einen schlechten Start hin. Als er sich direkt hinter Prost befand, fuhr er absichtlich auf diesen auf und gewann so seinen zweiten Titel. Prosts Abenteuer bei Ferrari hatte nicht den erhofften Verlauf genommen. 1991 liefen die Dinge derart schlecht, dass das Team den Franzosen noch vor Saisonende entließ. Prost nahm sich ein Jahr Auszeit, um 1993 wieder zu Williams zurückzukehren, wo er den Platz von Mansell einnahm, und erlangte den vierten Titel, wie üblich vor Senna. Mit der Rückkehr des Brasilianers zu Williams zog Prost es vor, sich auf dem Höhepunkt seiner Karriere mit 51 Siegen und vier Weltmeistertiteln zurückzuziehen.

Im Mai 1990 kam Sacha auf die Welt, sein zweiter Sohn, aber Prost trennte sich kurz danach von seiner damaligen Ehefrau Anne-Marie. Seine neue Gefährtin, Bernadette, die frühere Ehefrau seines Kollegen Jacques Laffite, schenkte ihm 1996 eine Tochter. Der leidenschaftliche Radsportler betätigte sich als Formel-1-Berichterstatter beim französischen Fernsehen, bevor er 1997 das Team Ligier übernahm. Das in Prost Grand Prix umbenannte Team hatte aber keinen Erfolg, sodass es Anfang 2002 wieder aufgelöst wurde. Alain kehrte als Pilot auf die Eisrennbahn zurück und gewann in den Jahren zwischen 2006 und 2012 mehrmals die Trophée Andros. Er wurde Botschafter von Renault und begann, seinen Sohn Nicolas zu unterstützen, der in verschiedenen Kategorien Autorennen fährt.

Prost lieferte sich 1990 beim Kampf um den Titel ein Kopf-an-Kopf-Rennen mit Senna und dessen McLaren. Senna gewann, indem er beim Start zum Großen Preis von Japan auf den Franzosen auffuhr.

Das Zusammenleben von Prost und Senna bei McLaren war mehr als schwierig. Der Unfall in Suzuka 1989, der sich zwischen den beiden abgespielt hatte, ging zu Recht in die Rennsportgeschichte ein.

BOSS
MEN'S FASHION

AYRTON SENNA

In der Geschichte des Rennsports war vielleicht kein anderer so besessen vom Willen, stets der fähigste, schnellste und beste Fahrer überhaupt zu sein. Die Karriere von Ayrton Senna da Silva, der erst später ausschließlich den Nachnamen der Mutter, Neide Senna, tragen sollte, begann im zarten Alter von vier Jahren, als sein Vater Milton ihm das erste Kart mit einem kleinen, nur 1 PS starken Motor schenkte. Im Alter von 13 Jahren begann er, richtig Rennen zu fahren, errang diverse Titel in Brasilien und wurde 1979 und 1980 Vizeweltmeister. Schon damals war er ein Perfektionist, der bis Sonnenuntergang trainierte und Stunden damit verbrachte, sein Kart auseinanderzunehmen und zu pflegen.

1981 engagierte ihn Van Diemen als Rennfahrer in der Formel Ford 1600, und sein Debüt auf den Monopostos war spektakulär. Er gewann die Meisterschaft, nachdem er zwölf von 19 Rennen gewonnen hatte. Im Jahr darauf schrieb man ihn für die Britische Meisterschaft ein und auch für die Europameisterschaft in der höheren Klasse, der Formel Ford 2000. Er hatte sich bis dahin schon einen soliden Ruf erworben: In Hockenheim hielt der gesamte Paddock der Formel 2 inne, um das Rennen vom Streckenrand aus zu verfolgen, bei welchem ein neues Phänomen mit dem Namen Ayrton Senna da Silva mitfuhr. Damals verwendete er noch den Doppelnamen, weil er den Namen Senna dem Nachnamen des Vaters, der ihm zu alltäglich erschien, vorzog. Er hatte seine Frau Lilian, die er schon seit Kindertagen kannte, mit nach England gebracht, aber die Ehe hielt nicht lange. Auf der einen Seite gefiel seiner Frau das Leben in England nicht, auf der anderen Seite hatte Ayrton in Wirklichkeit nur eine einzige große Leidenschaft: Rennen zu fahren und der Beste von allen zu sein. 1983 kämpfte er in der britischen Formel-3-Meisterschaft Kopf an Kopf mit Martin Brundle, der auf einem ähnlichen Ralt fuhr. Mit zwölf Siegen von 20 Rennen errang er den Meistertitel.

Die Formel 1 war nur noch einen kleinen Schritt entfernt. Nachdem er Tests für Williams und McLaren gefahren hatte, unterschrieb er 1984 bei Toleman. Der zweite Platz beim Großen Preis von Südafrika brachte ihm den ersten Punkt ein, aber erst in Monte Carlo machte er das große Publikum auf sich aufmerksam. Bei strömendem Regen arbeitete sich Ayrton in weniger als 20 Runden von der Startposition 13 auf die zweite Position vor. Er holte auch auf den an der Spitze fahrenden Prost mit einem Zeitvorsprung von 4 Sekunden pro Runde auf, als das Rennen vorzeitig abgebrochen und ihm somit ein so gut wie sicherer Sieg genommen wurde. Dem zweiten Platz in Monte Carlo fügte er jeweils den dritten Rang in Großbritannien und Portugal hinzu. Zum Jahresende hin wurde ihm klar, dass er mit dem Toleman nicht gewinnen konnte, und so ließ er sich aus dem Vertrag auslösen und wechselte zu Lotus.

Schon beim ersten europäischen Rennen in Portugal, dem zweiten in der Meisterschaft, erreichte Senna das höchste Treppchen auf dem Podium nach seinem Sieg im Regen. Er konnte auf nasser Piste extrem schnell fahren, weil er sich mit dem Kart intensiv auf die Kontrolle des Fahrens am Limit unter erschwerten Bedingungen vorbereitet hatte und weil er vor den Tests prinzipiell die Rennbahn zu Fuß ablief, um exakt zu überprüfen, wo seine Ideallinie war. In seiner Zeit bei Lotus gewann er 1985 zwei Grands

Der Wille, stets der Beste zu sein, trieb Senna an, seine Grenzen immer wieder zu überschreiten und am Erreichen der absoluten Perfektion zu arbeiten.

AYRTON SENNA — *SÃO PAULO 21.3.1960* / *BOLOGNA 1.5.1994*

BESTRITTENE GP	*161*
F-1-SIEGE	*41*
POLEPOSITIONS	*65*
F-1-WELTMEISTER	*1988, 1990, 1991*

CHAMPION
John Player
Ayrton Senna
Special
MICROMAX
John Player Special
DeLonghi
12
elf
Turbo RENAULT
GOODYEAR
EAGLE

Prix, weitere zwei 1986 und nochmals zwei 1987, als das Team von Renault- zu Honda-Motoren überging. Er hatte 16 Polepositions erreicht, aber sein Ehrgeiz, Weltmeister zu werden, konnte noch lange nicht befriedigt werden.

Die Gelegenheit dazu ergab sich 1988, als er bei McLaren-Honda landete, im Team mit Alain Prost. Er wollte Prost nicht nur besiegen, sondern sich auch dafür rächen, dass ihm vier Jahre zuvor in Monte Carlo der Titel weggeschnappt worden war. Und wiederum im Fürstentum erreichte er die Poleposition mit dem enormen Vorsprung von 1,4 Sekunden auf Prost. Während des Rennens hatte er knapp eine Sekunde Vorsprung, als er, am Limit fahrend, beim Versuch, Prost zu überholen, gegen die Abgrenzung im Auslauf der Portier-Kurve prallte. In einer Saison, die vollständig durch McLaren dominiert worden war, gelangen Senna acht Erfolge, gegen die sieben Erfolge seines Teamkollegen. Aber der Gewinn des Meistertitels war viel verdienter, als es diese knappe Marge erwarten lassen konnte. Das ohnehin nicht gerade gute Verhältnis zwischen den beiden zerbrach, als Ayrton, der wie immer unter seinem eigenen enormen Erfolgsdruck stand, 1989 in Imola Prost in einer Kurve überholte und damit eine zwischen ihnen getroffene Vereinbarung brach. Der Franzose regte sich furchtbar darüber auf und zwischen den beiden entstand ein offener Krieg. Beim vorletzten Rennen in Japan holte Senna den vorn fahrenden Prost ein und versuchte, ihn in einer fast aussichtslosen Lage zu überholen, aber sein Teamkollege wollte ihn nicht vorbeifahren lassen. An diesem Punkt machte Prost zu und die beiden Wagen berührten sich. Senna fuhr über die Schikane auf die Piste zurück und gewann das Rennen, um gleich darauf disqualifiziert zu werden. Somit wurde Prost zum Weltmeister gekürt. Voller Wut über die FIA und deren französischen Vorsitzenden Balestre hatte Senna sich zurückziehen wollen, doch im Jahr darauf präsentierte er sich zum Beginn der Meisterschaft mit Berger als Teamkollegen, während Prost zu Ferrari gewechselt war. Ein Jahr später fuhr Senna in Suzuka in der ersten Kurve absichtlich auf Prost auf und nahm ihm so jegliche Chance auf den Titelgewinn des Jahres 1990 mit der Mannschaft aus Maranello. Den dritten Weltmeistertitel holte er sich 1991 mit McLaren-Honda. Mit Berger hatte er einen Teamkollegen und treuen Freund gefunden. Nunmehr Weltmeister geworden, entschied er in Suzuka, dem Österreicher den Sieg zu schenken. Aber anstatt diskret vorzugehen, verlangsamte er kurz vor dem Ziel sichtlich die Fahrt. Sein Wille, ganz unumstritten der Beste zu sein, hatte ihn wieder einmal überwältigt.

1992 litt Ayrton sehr unter dem Höhenflug Mansells mit seinem Williams-Renault. Es bereitete ihm zwar eine große Genugtuung, Mansell in Monte Carlo bis zum Ziel hinter sich halten zu können, aber er konnte sich nicht damit abfinden, mehrmals überholt worden zu sein, und ging so weit, seinem Missfallen mit recht unfreundlichen Äußerungen dem anderen gegenüber Ausdruck zu verleihen. Wahrscheinlich hätte ihn ein Kinnhaken weniger beleidigt als die Tatsache, im Rennen überholt worden zu sein. Den Journalisten bot er jedenfalls stets ein gefundenes Fressen. Er hatte immer

Mit dem Lotus gewann der Brasilianer 1985 seine ersten Grands Prix.
Hier sehen wir ihn im Jahr darauf in Imola im Cockpit des 98T mit Renault-Motor.

etwas zu sagen und konnte sich fließend auf Portugiesisch, Englisch, Italienisch und Französisch ausdrücken. Wenn es ihm gelang, seine Fahrerkleidung abzulegen, so kam darunter eine großzügige, strenggläubige und den Problemen der ärmeren Mitmenschen gegenüber offene Person zum Vorschein. Die Brasilianer verehrten ihn und er ließ es sich niemals nehmen, seine Landesfahne zu schwenken, wenn er siegte.

1993 musste McLaren auf die Ford-Motoren zurückgreifen und Ayrton unterschrieb für jedes einzelne Rennen einen Vertrag mit Ron Dennis. Sein direkter Gegner in einem Williams war diesmal nicht Mansell, sondern wieder einmal Alain Prost. Trotz der Unterlegenheit seines Monopostos gewann Senna fünf Grands Prix. In Donington errang er, natürlich auf regennasser Strecke, einen seiner schönsten Siege, wobei er in der ersten Runde vier Konkurrenten überholte. Er hatte bei Regen den Vorteil des Schaltgetriebes und des schwächeren Motors auf seiner Seite und so gelang es ihm, Prost und Damon Hill in einem unvergesslichen Rennen zu demütigen.

1994 gelang es ihm endlich, zu Williams zu wechseln, und er war davon überzeugt, wieder Weltmeister zu werden, aber die Dinge entwickelten sich nicht so, wie er es wollte. Unerwartet konkurrenzfähig, hatte der von Schumacher gefahrene Benetton in den ersten beiden Rennen gesiegt, als das Rennen in Imola für den Großen Preis von San Marino anstand. An einem durch den tödlichen Unfall Ratzenbergers am Samstag schon tragisch vorbelasteten Wochenende verlor Ayrton die Kontrolle über seinen Wagen, als er beim Neustart nach der Safety-Car-Phase in Führung lag. Wahrscheinlich führte ein Bruch der Lenkstange dazu, dass er direkt gegen die Wand in der Tamburello-Kurve raste. Zu seinem Unglück schlug eine Strebe der Radaufhängung mit großer Wucht direkt gegen seinen Helm und beendete damit abrupt die Karriere eines der größten Champions aller Zeiten.

Oben Senna mit Gerhard Berger, dem einzigen Teamkollegen, dem er freundschaftlich verbunden war. Die beiden spielten sich lustige Streiche – einmal flog sogar Ayrtons Koffer aus einem Hubschrauber …

Rechts 1991 gewann Ayrton Senna seinen dritten Weltmeistertitel, nach wie vor am Steuer des McLaren. Auf dem Foto ist er beim Auftaktrennen der Saison in Phoenix beim Großen Preis der USA zu sehen.

Marlboro
Marlboro
HONDA
COURTAULDS
COURTAULDS
Shell
Shell
Marlboro
HONDA
1
TAG HEUER
Shell
Shell

MIKA HÄKKINEN

Sein vollständiger Name lautet Mika Pauli Häkkinen. Als einem der Erzrivalen von Michael Schumacher ist es dem Finnen zweimal gelungen, Weltmeister zu werden. Schon im Kleinkindalter setzte ihn sein Vater in ein Kart, mit dem er sofort einen Unfall baute. Um überhaupt wieder Kart und später auch Rennen fahren zu dürfen, musste der kleine Mika seinen Eltern lange Zeit in den Ohren liegen. Als er im Alter von sieben Jahren sein erstes Rennen gewann, nahm eine lange Siegesserie ihren Anfang, die ihm letztendlich den Titel des Landesmeisters und des Nordischen Meisters dieser Kategorie einbrachte. Sein Talent zog die Aufmerksamkeit von Keke Rosberg, dem Formel-1-Weltmeister von 1982, auf sich, der ihn daraufhin unter seine Fittiche nahm. Die Kartrennen und das Fahren unter schwierigen Streckenbedingungen trugen dazu bei, Mikas Talent weiterzuentwickeln, sodass er nunmehr für den Wechsel in den Automobilsport bereit war.

Die erste Saison mit einem Reynard der Formel Ford 1600 brachte ihm 1987 den Titelgewinn des Nordischen und des Finnischen Meisters. Im Anschluss gewann er 1989 die Formel-Opel-Meisterschaft und 1990 die englische Formel-3-Meisterschaft mit einem Reynard. Am Ende jener Saison kam es buchstäblich zum ersten näheren Kontakt mit Michael Schumacher. Die beiden fuhren beim renommierten Großen Preis von Macau, und Mika hatte die Poleposition erreicht und den ersten Lauf gewonnen, doch im zweiten prallte er genau gegen Michael, der das Rennen gewann, während Mika ausschied.

Während Didier Coton – der Manager, den Rosberg ihm an die Fersen geheftet hatte – ihn wie sein Schatten verfolgte, debütierte Häkkinen 1991 am Steuer eines Lotus in der Formel 1. Der Monoposto war alles andere als eine Rakete, und der fünfte Platz, den er in Imola bei seinem dritten Rennen in der höchsten Kategorie erreichte, kam fast einem Wunder gleich. Zu seinem Glück gelang es dem englischen Team 1992, einen etwas konkurrenzfähigeren Wagen zu entwickeln, auch dank des Wechsels von Judd- auf Ford-Motoren. Fast regelmäßig platzierte sich Mika nun auf den Punkterängen. Ron Dennis war nach dem Austritt aus dem Honda-Team gezwungen, sich mit Sicht auf 1993 mit Ford zu arrangieren. Genau aus diesem Grund engagierte er Michael Andretti, den Sohn von Mario Andretti, der über ausgezeichnete Verbindungen zu dieser Marke und deren sportlichem Ableger verfügte. Dennis bot Häkkinen den dritten Fahrerplatz an. So fand sich Mika, abgesehen von ein paar Testfahrten, beim Rennen um den Porsche-Supercup in Monte Carlo wieder. Auf einem Wagen mit ganz besonderen Eigenschaften, mit denen man gut vertraut sein musste, um dessen Möglichkeiten maximal ausschöpfen zu können, sorgte Mika für eine Überraschung, als er sämtliche Meisterschaftsfavoriten unter den Augen der Formel-1-Manager besiegte. Ron Dennis konnte es kaum erwarten, ihn in der Formel 1 Rennen fahren zu lassen. Michael Andretti hatte, wahrscheinlich zu Unrecht, bei Ron keinen Stein im Brett, und so ließ man ihn direkt nach dem Großen Preis von Italien in Monza, nachdem er bei Peugeot unterschrieben hatte, aussteigen, um Platz für Häkkinen zu machen. Im Paddock der Rennstrecke in Estoril in Portugal konnte Mika stolz und mit Entschiedenheit auftreten, nachdem er Senna im Qualifying geschlagen hatte, wenn auch nur um eine Zehntel Sekunde. Beim Rennen selbst kam er von

Mika Häkkinen war der zweite Finne nach Keke Rosberg, der Weltmeister wurde: 1998 mit McLaren.

MIKA HÄKKINEN	VANTAA 28.9.1968
BESTRITTENE GP	161
F-1-SIEGE	20
POLEPOSITIONS	26
F-1-WELTMEISTER	1998, 1999

der Piste ab, konnte den Fehler aber prompt mit einem dritten Platz in Japan wiedergutmachen, wenn auch mit Senna als Sieger.

1994 landete der Brasilianer bei Williams und Mika wurde erster Fahrer bei McLaren. Er hatte sich mehr erwartet von diesem Monoposto und dem Peugeot-Motor. In Hockenheim verursachte er beim Start einen Unfall, was ihm die Disqualifikation beim darauffolgenden Großen Preis von Ungarn einbrachte. Zum Ende der Saison hin konnte er sich mit einer schönen Serie an Podestplätzen wieder steigern, bevor es 1995 für McLaren wieder zu einem Motorenwechsel kam, dieses Mal von Peugeot zu Mercedes. Zwar entging ihm der Sieg weiterhin knapp, aber er konnte nach mehrmaligem Ausscheiden zwei zweite Plätze in Monza und Suzuka erreichen. Dann passierte das Drama: Während der Qualifikationsfahrt in Adelaide flog er wegen eines Reifenproblems mit seinem McLaren von der Piste und prallte mit extremer Wucht gegen eine Betonmauer. Mika verlor das Bewusstsein und konnte nur durch einen direkt am Unfallort durchgeführten Luftröhrenschnitt gerettet werden. Aus dem Koma erlangte er langsam wieder das Bewusstsein, im Beisein seiner Verlobten Erja Honkanen, die ihn in seiner Rehabilitationsphase Schritt für Schritt begleitete. Vielleicht lag es daran, dass sie sieben Jahre älter und damit reifer war als er, jedenfalls konnte er sich unter ihrer Führung komplett erholen, mit Ausnahme eines partiellen Gehörverlusts. Zu jener Zeit half ihm auch die Unterstützung durch Ron Dennis, der seinen Piloten in der Not immer beigestanden hatte. Während der ersten Trainingsfahrten des Jahres 1996 war Mika sofort genauso schnell wie immer. Das Jahr war nicht gerade eines seiner glücklichsten und er musste bis zum Finale der nächsten Saison in Jerez warten, um seinen ersten Grand Prix zu gewinnen, der wegen der Kollision zwischen Schumacher und Villeneuve Berühmtheit erlangte.

Der McLaren-Mercedes von Häkkinen, umkreist von Mechanikern in den kurzen und sehr delikaten Momenten des Reifenwechsels und Tankens während eines Grand Prix.

Der Finne startet beim Großen Preis von Belgien 2000 nach einem kurzen Aufenthalt in den Boxen wieder durch. Er wird das Rennen nach einem denkwürdigen Überholmanöver zulasten von Schumacher gewinnen.

Die Siegesfeier läuft nach einem präzisen Ritual ab, und 2000 in Budapest wurde Mika von den beiden anderen Podestbesteigern, Schumacher und Coulthard, mit Champagner ins Kreuzfeuer genommen.

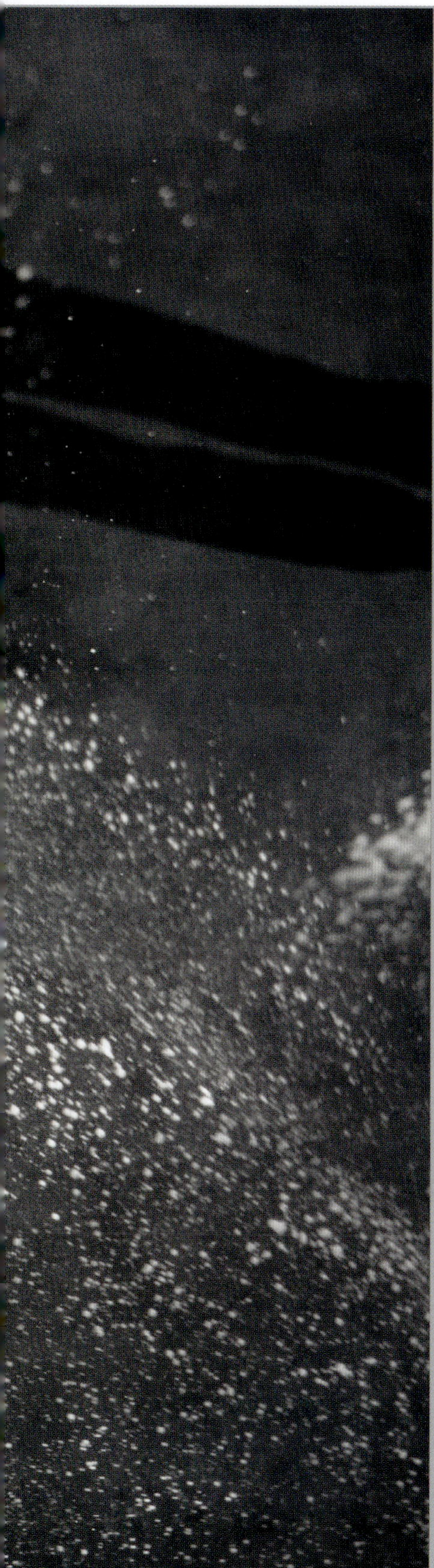

Auf der Rennstrecke immer auf Angriff eingestellt, war Häkkinen außerhalb seines Wagens schüchtern und zurückhaltend. Seine Erklärungen waren stets wohl bemessen und die Worte mit Bedacht gewählt. Er war freundlich und höflich, auch wenn er sich seine Gefühle nie anmerken ließ. 1991 zog er nach Monte Carlo, wo er sich mit Erja und ihrer gemeinsamen Schildkröte sehr wohl fühlte. 1998 erlaubte ihm die neue Ausrichtung von McLaren-Mercedes endlich, regelmäßig zu gewinnen. Mika stieg acht Mal auf das höchste Treppchen des Podests, während Schumacher nur sechs Siege verbuchen konnte, und wurde zum ersten Mal Weltmeister. 1999 war Schumacher durch den Unfall in Silverstone aus dem Zweikampf ausgeschieden und Häkkinen musste den anderen Ferrari-Fahrer, Irvine, besiegen, um seinen zweiten Weltmeistertitel zu erlangen. Im Jahr 2000 verlor er den Titel an Michael Schumacher, auch wenn er vier Grands Prix gewinnen konnte, darunter auch jenen von Belgien in Spa, mit dem denkwürdigen Überholmanöver zulasten seines Rivalen am Ende der längsten Streckengeraden. 2001 musste er mehrfach ausscheiden, was ihn recht schnell den Titel kostete. Er siegte dennoch in Großbritannien und den USA und erhöhte seine Titelsammlung in der Formel 1 auf 20. 1998 heiratete er Erja und wurde zwei Jahre später Vater von Hugo. Ende 2001 kündigte er an, nur ein Jahr Auszeit nehmen zu wollen, kehrte aber nie wieder in die Formel 1 zurück. 2005 kam Aina Julia auf die Welt und Mika fuhr wieder Rennen, in der Deutschen Tourenwagen Meisterschaft auf Mercedes. Er blieb dort bis Ende 2007 und holte insgesamt drei Siege. Als er sich definitiv von der Rennstrecke verabschiedete, ließ er sich von seiner damaligen Frau scheiden und verlobte sich darauf mit einem tschechischen Model, Markéta Remešová. Die beiden haben drei gemeinsame Kinder, darunter Zwillinge, und sind seit 2017 miteinander verheiratet.

Oben Ebenfalls im Jahr 2000 ist Barrichello an der Reihe, sich von Häkkinen eine Champagnerdusche verpassen zu lassen, der in jenem Jahr weit vorn im Kampf um den Titel lag.

1
TECHNOGYM
Mobil

MICHAEL SCHUMACHER

Die Karriere des erfolgreichsten Piloten der Formel-1-Geschichte begann auf der vom Vater geführten Kartpiste in Kerpen nahe Köln. Im Alter von vier Jahren begann Schumacher zu fahren und mit sechs gewann er die erste Meisterschaft, natürlich im Kart. Seine Familie verfügte nicht über ausreichende Mittel, um ihn weiter zu fördern, doch dank der Unterstützung durch den rennbegeisterten Jürgen Dilk konnte Michael weitermachen und in Deutschland Rennen und Meisterschaften gewinnen, bevor er schließlich 1985 und 1987 den Europameistertitel errang. 1988 kämpfte er sich bis in die Formel Ford 1600 und die Formel König hoch und gewann in der Letzteren die Deutsche Meisterschaft. Der Wechsel in die Formel 3 machte eine große finanzielle Anstrengung erforderlich, und es war der Manager Willi Weber, der ihm einen Platz in seinem Team anbot. Nach dem zweiten Platz im Jahr 1989 erreichte Schumacher im Jahr darauf den Landesmeistertitel und setzte sich auch beim renommierten Großen Preis von Macau, der die Saison abschloss, durch.

Den nächsten Schritt konnte er dank Mercedes gehen, die ein Juniorenteam gegründet hatten, um die jungen Piloten mit den Wagen der Langstrecken-Weltmeisterschaft fahren zu lassen. Michael wurde zusammen mit Heinz-Harald Frentzen und dem Österreicher Karl Wendlinger ausgewählt. Das mit Rennen der Sauber-Mercedes verbrachte Jahr ließ ihn als Fahrer reifen, weil er bei den leistungsstarken und schweren Wagen sowohl die Reifen als auch die Bremsen stärker ins Kalkül einbeziehen musste. Michael gewann das letzte Rennen in Japan zusammen mit Wendlinger, ging aber auch ein großes Risiko ein, als er auf dem Nürburgring den Jaguar von Derek Warwick als Vergeltungsmaßnahme absichtlich anrempelte. Der Engländer setzte ihm beim Paddock nach und nur die Tatsache, dass Michael genauso jung wie dessen eigener Bruder war, schützte ihn vor einer schlagkräftigen Lektion des Briten.

Die ganz große Chance kam für Michael in einem Moment, in dem er schon Berühmtheit erlangt hatte. Die günstige Gelegenheit bot sich mit der Festnahme von Bertrand Gachot in London, der dadurch gezwungen war, seinen Jordan beim Großen Preis von Belgien 1991 freizugeben. Mit der Unterstützung durch Mercedes wurde Michael nach Silverstone berufen, um den Wagen wenige Tage vor dem Rennen zu testen, und hinterließ sofort einen nachhaltigen Eindruck durch seine Geschwindigkeiten. Willi Weber, der mittlerweile sein Manager geworden war, versicherte allen, dass Michael die Strecke in Spa sehr gut kenne, um mit dieser optimistischen Auslegung eines der unvergesslichsten Debüts in der Geschichte der Formel 1 zu unterstützen: Schumacher qualifizierte sich für den sechsten Platz auf einer Piste, die er nur als Zuschauer kannte. Seine Unerfahrenheit beim Start spielte ihm einen Streich und er musste sich kurz nach dem Start wegen eines Kupplungsschadens aus dem Rennen verabschieden. Wäre er weitergefahren, hätte er seinen ersten Großen Preis womöglich gleich gewonnen – was aber bisher nur Giancarlo Baghetti gelang. In Wirklichkeit hatte Senna praktisch gewonnen, aber in der Zieleinfahrt wurde er von de Cesaris, der mit dem Zwillings-Jordan hinter Schumacher gestartet war, touchiert.

Der Fehler von Eddie Jordan war, den jungen Hoffnungsträger nicht sofort unter Vertrag genommen zu haben. Daran dachte aber

Die geballte Faust am zum Himmel gereckten Arm war stets Teil des Rituals der Siegesfeier von Michael Schumacher, dem siebenfachen Formel-1-Weltmeister.

MICHAEL SCHUMACHER HÜRTH-HERMÜLHEIM 3.1.1969

BESTRITTENE GP	*307*
F-1-SIEGE	*91*
POLEPOSITIONS	*68*
F-1-WELTMEISTER	*1994, 1995, 2000, 2001, 2002, 2003, 2004*

MILD SEVEN
MILD
SEVEN

einige Tage später Flavio Briatore und mit dem Großen Preis von Italien 1991 wurde Michael einer der offiziellen Fahrer bei Benetton. Im Laufe seiner ersten vollständigen Saison zeigte er große Reife, erreichte eine Reihe von Punkteplatzierungen und dann seinen ersten Sieg in Spa, auf einer schwierigen Rennstrecke und mit einem Start im Nassen. Das Jahr 1993 wurde von Prost auf Williams beherrscht, aber Michael errang dennoch eine schöne Serie an zweiten Plätzen und letztendlich einen neuen Sieg in Portugal.

Bei Benetton hatte sich ein kompaktes Technikerteam gebildet, das an Schumacher glaubte, von Rory Byrne über Ross Brawn bis hin zu Pat Symonds. Für 1994 hatten alle erwartet, Senna mit Williams dominant zu erleben, aber noch vor Imola und dem Unfall des Brasilianers hatte Schumacher die ersten beiden Rennen des Jahres gewonnen. Die Gewinnserie erhöhte sich auf sechs Erfolge in den ersten sieben Rennen, wenn auch unter dem Verdacht, dass das Team die Traktionskontrolle verwendet hatte. Schumacher wurde daraufhin für zwei Grands Prix disqualifiziert, nachdem er bei der Einführungsrunde zum Großen Preis von Großbritannien einen anderen Wagen überholt hatte. Er siegte in Belgien, aber auch dort wurde er aus der Fahrerwertung herausgenommen, wegen übermäßiger Abnutzung der Platte am Unterboden des Wagens. Damon Hill holte somit um mehrere Punkte auf und beim Großen Preis von

Links Michael 1994 auf dem Benetton-Ford, dem Jahr seines ersten Titelgewinns. Der Wechsel zu Renault-Motoren 1995 machte den Gewinn seines zweiten WM-Titels leichter.

Oben In Interlagos, Brasilien: der Champion in den Boxen vor dem Start der Weltmeisterschaft 1994, die er am Ende gewinnen sollte.

In seiner frühen Zeit bei Benetton wurde Michael weniger von Presse und Fotografen belagert und war zweifelsohne bereitwilliger, vor dem Objektiv auch mal Grimassen zu schneiden.

Australien in Adelaide hatte er die Möglichkeit, Schumacher den Titel abzujagen. Während er an der Spitze lag, unterlief Michael ein Fehler und er berührte die Leitplanke. Beim Zurückfahren auf die Piste schnitt er Hill die Bahn ab und fuhr gegen den Williams, sodass sich beide aus dem Rennen verabschieden mussten. Der erste Titel des deutschen Piloten hätte umstrittener nicht sein können. Mit den Renault-Motoren, anstelle von Ford, gelang ihm der zweite Titelgewinn 1995 mit weitaus größerer Leichtigkeit.

Er zog nach Monte Carlo um und hatte sich in der Zwischenzeit mit Corinna Betsch verlobt, die zuvor als Freundin von Heinz-Harald Frentzen bekannt gewesen war. Die beiden heirateten 1995. Unter dem Spitznamen »Schumi«, den ihm seine Fans verliehen hatten, wurde Michael immer populärer. In Großbritannien aber stand man ihm weiterhin mit Skepsis gegenüber, auch aufgrund seines verschlossenen und fast arrogant wirkenden Wesens, das er selbst aber auf seine Schwierigkeiten, vor großem Publikum zu sprechen, zurückführte. 1996 wechselte er mit Sack und Pack zu Ferrari, die wieder das Technikerteam von Benetton um ihn herum aufbauten. In jenem Jahr fuhr er einen unattraktiven, schweren und kaum siegfähigen Monoposto, aber trotzdem gelang ihm das Kunststück, drei Grands Prix zu gewinnen, den ersten davon mit einer wahrhaft meisterlichen Leistung auf regennasser Fahrbahn in Barcelona. 1997 kämpfte er beim letzten Rennen des Großen Preises von Europa in Jerez mit Jacques Villeneuve um den Titel. Als er plötzlich vom Williams angegriffen wurde, schloss er absichtlich die Bahn und kollidierte mit dem Gegner. Villeneuve beendete daraufhin das Rennen auf dem vierten Platz und wurde Weltmeister, Schumacher dagegen musste aus dem Rennen ausscheiden und wurde sogar

Ein noch junger Schumacher diskutiert 1992 in Monte Carlo mit den Technikern Pat Symonds und Ross Brawn, die einige Jahre später wie er zu Ferrari wechseln sollten.

aus der WM-Fahrerwertung ausgeschlossen. Der Weg bis zum Gold mit Ferrari war noch sehr lang. 1998 wurde er Zweiter und im Jahr darauf brach er sich das Bein, als er in Silverstone aus der Stowe-Kurve herausschoss. Als aber die Dämme endlich brachen, waren Schumacher und Ferrari in den Jahren 2000 bis einschließlich 2004 nicht mehr aufzuhalten. Fünf Titel in Folge erhöhten sein Gesamtpaket an Weltmeistertiteln auf insgesamt sieben. 2005 und 2006 wurde er Dritter und Zweiter im Klassement und überließ Fernando Alonso das Zepter.

Im Schutz seines Clans war Schumacher immer schon etwas isoliert, mit einem distanzierten Image, das durch seinen Ehrgeiz noch verstärkt wurde. Er verhielt sich der Presse gegenüber oft recht kühl und hielt sich auch mit Interviews und Auftritten weitestgehend zurück, und doch war Michael bei seinem Team und all jenen, die mit ihm zu tun hatten, äußerst beliebt. Nach deren Meinung spiegelte das öffentliche Bild von Michael exakt das Gegenteil seines echten Wesens wider. Eine seiner größten Fähigkeiten bestand darin, auch während des Rennens sämtliche Daten und Einzelheiten zu analysieren, gerade so, als führe er nicht am Limit. Auch außerhalb des Wagens arbeitete er so hart wie kein anderer, um sein Fahrzeug aber auch sich selbst ständig weiter zu verbessern. Einer seiner Trümpfe war schon immer die physische Vorbereitung, wofür er viele Sportarten aktiv betrieb.

Er war vielleicht nicht wirklich überzeugt davon, aber dennoch wollte er sich 2007 vom Rennsport zurückziehen, als nunmehr sehr wohlhabender Mann und Vater von zwei Kindern, Gina Maria und Mick. Er war mit seiner Familie in die Schweiz an den Genfer See gezogen und besaß mehrere Häuser auch in anderen Teilen der

SCHUMACHER
AMD
E

Welt. Er hätte tun und lassen können, was er wollte, aber bald begann ihm der Nervenkitzel des Wettkampfes zu fehlen. Also probierte er es sogar mit dem Motorrad, dem Superbike, wo er allerdings bei einem schweren Unfall riskiert hatte, sich ernstlich zu verletzen. Für drei Jahre stand er Ferrari als Berater zur Seite, bevor er ein Angebot vom Mercedes-Team bekam, das mittlerweile von seinem Freund Ross Brawn geführt wurde. Man munkelt, es seien ein paar falsche Investitionen getätigt worden. Sicher ist, dass Michael, vielleicht aus diesem Grund, das Verhältnis zu Willi Weber aufkündigte. Wahrscheinlich fehlte es ihm nicht an Geld, aber auf jeden Fall kehrte er mit 41 Jahren in die Formel 1 zurück. Seine besten Zeiten als Pilot lagen hinter ihm und der Monopostos von Mercedes musste erst noch verfeinert werden: In drei Jahren, bis Ende 2012, kam nie der erhoffte Sieg, auch wenn er im direkten Vergleich mit dem jungen Rosberg keine schlechte Figur abgab. Manch einer meinte, Michael hätte auf eine Rückkehr verzichten sollen, aber sein einziger wirklicher Fehler passierte, als er 2012 in Ungarn Barrichello gegen eine Begrenzungsmauer drängte. Ende 2013 dann der fruchtbare Skiunfall. Seitdem lebt Michael Schumacher völlig zurückgezogen von der Öffentlichkeit.

Links Zu Ehren von Ferrari änderte Schumacher die Farbe seines Helms, der nunmehr rot war. Hier zu sehen 2006, dem letzten Jahr, in dem er für das Team aus Maranello fuhr.

Oben Es reichen wenige Tropfen Benzin auf den Auspuffrohren, um während des Tankens Flammen hochschlagen zu lassen. Diese hier sind zum Glück nur spektakulär anzusehen, sodass Schumacher den Großen Preis von Österreich 2003 dennoch gewann.

GOODYEAR

KIMI RÄIKKÖNEN

Den bemerkenswerten Sprung von der Formel Renault direkt in die Formel 1 schafft nur ein sehr talentierter Fahrer. Der im finnischen Espoo, nahe dem Flughafen von Helsinki, geborene Kimi kam im Alter von zehn Jahren zum Kartsport. Sein Vater Matti, ein Straßenbauer, ermutigte ihn, es seinem älteren Bruder Rami nachzutun, der in die Formel 3 aufstieg. Ein Titel in der Nordischen Meisterschaft und Erfolge im Kartsport ließen Motorsport-Insider aufhorchen. 1999 debütierte Kimi in der britischen Formel-Renault-Meisterschaft und gewann gleich seine ersten vier Rennen. Im folgenden Jahr dominierte er das Feld mit sieben Siegen in zehn Rennen und holte sich den Meistertitel. Am Ende standen 13 Siege in 23 Rennen zu Buche – ein Rekord in dieser Kategorie.

Kimis Erfolge auf britischen Rennstrecken machten David Robertson und seinen Sohn Steve auf das junge finnische Talent aufmerksam. Als erfahrene Manager überzeugten sie Peter Sauber, den Chef des gleichnamigen Formel-1-Teams, Räikkönen noch vor Jahresende zu einer Testfahrt einzuladen. Obwohl er erst 23 Rennen in der Formel Renault bestritten hatte, testete Kimi im September 2000 in Mugello ein Sauber-Formel-1-Auto und fuhr dabei eine halbe Sekunde schneller als einer der Stammfahrer des Teams. Peter Sauber war sofort beeindruckt.

Nach weiteren Wintertests nahm das Schweizer Team Kimi unter Vertrag, obwohl seine mangelnde Erfahrung Bedenken weckte. Sauber zog Kritik einiger FIA-Mitglieder auf sich, doch es gelang, Kimi eine provisorische Superlizenz zu verschaffen, die von den fahrerischen Leistungen in den ersten Rennen der Saison abhängig gemacht wurde. Unbeeindruckt von der Kritik und mit dem kühlen Kopf, für den er später berühmt werden sollte, holte Räikkönen bei seinem Debütrennen mit einem sechsten Platz beim Grand Prix von Australien 2001 gleich Punkte.

Von Anfang an zeigte Kimi eine fast schon distanzierte Haltung gegenüber dem Formel-1-Zirkus. Journalisten gelang es selten, ihm mehr als ein knappes »Ja« oder »Nein« zu entlocken – selbst als Antwort auf detaillierte Fragen. Räikkönens kometenhafter Aufstieg setzte sich fort, als er 2002 Mika Häkkinen bei McLaren ablöste. Kimis Unterkühltheit trug ihm den Spitznamen »Iceman« ein, geprägt von McLaren-Chef Ron Dennis höchstselbst. Siege blieben jedoch in seiner ersten Saison mit dem britischen Team aus, da Ferrari mit Michael Schumacher das Jahr dominierte. Schließlich fuhr Räikkönen beim Großen Preis von Malaysia 2003 seinen ersten Sieg ein. Dank seiner konstanten Leistungen während der gesamten Saison belegte er den zweiten Platz in der Meisterschaft, nur zwei Punkte hinter Schumacher. Kimis lange Zeit bei McLaren dauerte bis Ende 2006, mit neun Siegen, darunter sieben in der Saison 2005, in der er erneut Zweiter in der Meisterschaft wurde, diesmal hinter Fernando Alonso. Verheiratet mit der glamourösen Jenni Dahlman, der Miss Skandinavien von 2001, machte Kimi wegen gelegentlicher Exzesse Schlagzeilen. Er

Kimi Räikkönen bei einem seiner letzten Auftritte in Austin (Texas), während der NASCAR-Meisterschaft 2023.

KIMI RÄIKKÖNEN	ESPOO 17.10.1979
BESTRITTENE GP	349
F-1-SIEGE	21
POLEPOSITIONS	18
F-1-WELTMEISTER	2007

Fly Emirates
Henkel
SCHÜCO
Mobil
JOHNNIE WALKER
Mercedes-Benz
JOHNNIE WALKER
SIEMENS

zog es vor, sich ausschließlich auf den Rennsport zu konzentrieren, da ihm Öffentlichkeitsarbeit oder Interviews zuwider waren. Aufgrund seiner unbestreitbaren Leistungen wurde er jedoch Ende 2006 von Ferrari als Nachfolger von Michael Schumacher berufen. Räikkönens Debüt für das Team aus Maranello war spektakulär. Beim Großen Preis von Australien 2007 sicherte er sich die Poleposition, die schnellste Rennrunde und den Sieg – ein überwältigender Start in seine Ferrari-Karriere. Die Saison war geprägt von intensiven Kämpfen zwischen Ferrari und McLaren, die durch einen Skandal um gestohlene technische Daten noch angeheizt wurden. Trotz aller Widrigkeiten konnte Kimi fünf Siege verbuchen, darunter einen entscheidenden Sieg beim vorletzten Rennen in China. Vor dem letzten Rennen in Brasilien lag er hinter dem Meisterschaftsführenden Lewis Hamilton, doch ein technisches Problem des Briten öffnete ihm die Tür. Kimi nutzte die Gelegenheit, gewann das Rennen und holte sich den Weltmeistertitel – den letzten für einen Ferrari-Fahrer bis heute. In den beiden folgenden Saisons war Kimi mit lediglich drei Siegen nur noch bedingt erfolgreich, weshalb er Ferrari verließ und sich aus der Formel 1 zurückzog.

Ganz entsagte Räikkönen dem Rennsport nicht: er ging seiner (typisch finnischen) Leidenschaft für den Rallyesport nach und nahm 2010 und 2011 mit einem Werks-Citroën an der Rallye-Weltmeisterschaft teil. Trotz vielversprechender Ansätze fielen die Ergebnisse durchwachsen aus; die Mixtur aus soliden Resultaten ebenso wie Unfällen war alles andere als zufriedenstellend. Im Jahr 2011 versuchte er sich sogar in der amerikanischen NASCAR-Serie. 2012 kehrte Räikkönen überraschend in die Formel 1 zurück, und zwar bei Lotus, einem Team, das aus den Überresten von Renault wiederbelebt wurde. Der Finne hatte keinen Rost angesetzt; er wurde Dritter in der Meisterschaft und holte einen denkwürdigen Sieg beim Großen Preis von Abu Dhabi.

Das Rennen wurde legendär wegen Kimis Funkspruch an seinen Ingenieur, der ihn über seinen Vorsprung vor Alonso informiert hatte: »Lass mich in Ruhe, ich weiß, was ich tue.« Seine rebellische Ader unterstrich er, indem er beim Großen Preis von Monaco 2012 einen Helm mit James-Hunt-Schriftzug trug. Räikkönen fügte seiner Erfolgsliste beim Großen Preis von Australien 2013 einen weiteren unerwarteten Sieg hinzu, beendete aber vor den letzten beiden Rennen der Saison seine Beziehung zu Lotus und ebnete damit den Weg für seine Rückkehr zu Ferrari. Sein zweites Engagement bei der Scuderia erwies sich als unbefriedigend. Nur ein Sieg beim Großen Preis der USA 2018 und ein dritter Platz in der WM-Wertung sprangen heraus.

Räikkönen wurde von Peter Sauber entdeckt, der ihm sein Formel-1-Debüt ermöglichte. Nach seiner ersten Saison beim Schweizer Team wechselte der Finne zu McLaren. Hier ist er 2006 in Imola in Aktion zu sehen, nur wenige Wochen, bevor er seinen Wechsel zu Ferrari bekannt gab.

KASPERSKY
HUBLOT
HUBLOT
Santander

Im Jahr 2019 wechselte Kimi zum Sauber-Team, das in Alfa Romeo umbenannt wurde. Dort verbrachte er drei Saisons im Mittelfeld, bevor er sich 2021 nach beeindruckenden 349 Grand-Prix-Teilnahmen aus der Formel 1 zurückzog. Nach der Scheidung von seiner ersten Frau hat Räikkönen erneut geheiratet, Minttu Virtanen, ein ehemaliges finnisches Model, und hat drei Kinder mit ihr. Sein Ältester, Robin, hat bereits mit dem Kartsport begonnen.

Links Räikkönen am Steuer des Ferrari von 2015 während seines zweiten Einsatzes im Team aus Maranello. Trotz zahlreicher Podiumsplätze blieb sein einziger Sieg in dieser Zeit der beim Großen Preis der USA 2018 in Austin.

Oben Der finnische Fahrer in der Boxengasse während des Trainings für den Großen Preis von Malaysia 2017. In dieser Saison bildete er ein Fahrerduo mit Sebastian Vettel, der fünf Siege einfuhr, während Räikkönen mit sieben Podiumsplätzen den vierten Platz in der Gesamtwertung belegte.

STELVIO
Alfa Romeo
RICHARD MILLE
CARRERA
AUTORAPA
axitea
sparco

Links Räikkönens letzte Formel-1-Saison im Jahr 2021. Das Bild zeigt ihn beim Großen Preis der Emilia-Romagna in Imola am Steuer des Alfa Romeo. Es war eine Abschiedssaison mit wenigen Höhepunkten, in der er nur vier Mal in die Punkte fuhr.

Oben Ein eindrucksvolles Bild von Räikkönen beim Großen Preis von Monaco 2019 im Sauber, in diesem Jahr in Alfa Romeo umbenannt. Starke Ergebnisse gab es schon früh in der Saison, mit acht Punkterängen in den ersten zwölf Grands Prix.

Mobil 1
JOHNNIE WALKER
TAG HEUER
Segafredo ZANETTI
SAP
14
JOHNNIE WALKER

FERNANDO ALONSO

Die großen Leidenschaften von José Luis Alonso, einem Sprengstoffexperten, der in einer Mine in der Nähe von Oviedo arbeitete, waren schon immer Rennen und Karts gewesen. Dank ihm saß Fernando Alonso mit nur drei Jahren zum ersten Mal hinterm Lenkrad. Mit sieben Jahren bekam er ein echtes Kart und begann, damit Rennen zu fahren. Er war in allen Kategorien stets der Jüngste, aber das hielt ihn nicht davon ab, mit einer beeindruckenden Regelmäßigkeit zu gewinnen. Sein Aufstieg war unaufhaltsam und brachte ihm nach Landesmeistertiteln auch den Weltmeistertitel ein, den er 1996 in Gent einfuhr.

Alonso wurde von Adrián Campos entdeckt, einem ehemaligen Rennfahrer, der ein Team in der Formel Nissan führte. Ende 1998 lud ihn Campos zum Probefahren ein und ließ ihn in der darauffolgenden Saison bei der Meisterschaft debütieren. Beim zweiten Rennen erlangte Fernando den ersten Sieg und bis Jahresende hatte er auch den ersten Platz in der Klassifizierung erreicht. Im Dezember 1999 wurde er in Jerez während einer Formel-1-Testfahrtserie von Minardi im Monoposto eingesetzt. Er fuhr sofort derart schnell, dass Cesare Fiorio ihn mit Erschrecken über seine Rundenzeiten direkt wieder in die Boxen zurückrief, weil er dachte, Alonso sei über seine Grenzen gegangen. Am Ende des Tages war Fernando um etwa 1,5 Sekunden schneller als die anderen Rennfahrer bei Minardi. Er war der Jüngste von allen bei der Anmeldung zur Formel 3000 im Jahr 2000. Dort erreichte er den vierten Platz durch seinen Sieg beim letzten Rennen in Spa.

2001 debütierte er in der Formel 1 bei Minardi. Dies war zwar kein herausragender Rennstall, aber Fernando machte nicht nur wegen seiner Fähigkeit, seine Teamkameraden auseinanderzunehmen, sondern vor allem wegen seines sauberen und sehr effizienten Fahrstils auf sich aufmerksam. Es dauerte nicht lange, bis Flavio Briatore und Renault ihn unter Vertrag nahmen. 2002 war er der dritte Pilot hinter Trulli und Button, aber schon in der darauffolgenden Saison war er ganz vorn in seiner Mannschaft und enttäuschte nie die in ihn gesetzten Erwartungen. In Malaysia wurde er beim zweiten Rennen der Saison zum jüngsten Rennfahrer der Geschichte, der eine Poleposition in der Formel 1 holte. Daraufhin gewann er in Budapest den Großen Preis von Ungarn, auch in diesem Fall als jüngster Pilot aller Zeiten, einen Monat vor seinem 22. Geburtstag.

Fernando hatte sich nunmehr die allgemeine Aufmerksamkeit gesichert, sich das Wesen des aufgeweckten großen Jungen jedoch bewahrt, das er schon in den ersten Tagen bei Minardi gezeigt hatte. Zu jener Zeit lebte er in Oxford, in der Nähe des Hauptquartiers von Renault. 2005 zeigten sich Renault und Fernando gut vorbereitet auf die Leistungsschwäche von Ferrari und Michael Schumacher. Mit sieben Siegen überholte Alonso Kimi Räikkönen und McLaren und wurde somit auch zum jüngsten Weltmeister in der Geschichte der Formel 1, womit er den Rekord von Emerson Fittipaldi aus dem Jahre 1972 einstellte. Seine zunehmende Reife als Rennfahrer wurde immer offensichtlicher, mit seiner unglaublichen Fähigkeit, das Rennen zu analysieren,

Mit Bart und einem vollkommen veränderten Look kehrte Fernando Alonso 2015 zu McLaren zurück – nach seinem vorherigen Engagement bei dem Team aus Woking 2007 zusammen mit Hamilton.

FERNANDO ALONSO *OVIEDO 29.7.1981*

F-1-WELTMEISTER *2005, 2006*

die passende Taktik zu wählen und sich extrem schnell an die sich verändernden Rennbedingungen anzupassen. 2006 kam Ferrari wieder sehr wettbewerbsfähig zurück, vor allem zum Saisonfinale hin, aber Fernando holte sich erneut den Meistertitel, obwohl er die gleiche Anzahl an Grands Prix gewonnen hatte wie Schumacher, nämlich sieben.

Alonsos Karriere schien dazu bestimmt, durch weitere glanzvolle Titel bereichert zu werden, als er 2007 zu McLaren wechselte; aber die Idee, ihn mit dem aufsteigenden Hamilton in ein Team zu stecken, war nicht die allerbeste. Zwischen den beiden kam es praktisch sofort zu Auseinandersetzungen, in einem Jahr, das zu alledem auch noch durch Werksspionage einiger Techniker von Ferrari und McLaren überschattet war. Alonso und Hamilton gewannen jeweils vier Grands Prix und sammelten jeweils 109 Punkte in der Endklassifikation. Zum großen Pech für beide erhöhte Kimi Räikkönen durch den Sieg beim Großen Preis von Brasilien seine Punktzahl auf 110 und wurde so Weltmeister. Fernando fühlte sich in diesem Team nicht wohl. Die Wege trennten sich Ende 2007. In der folgenden Saison kehrte Alonso zu Renault zurück und holte Siege in Singapur und Suzuka, obwohl der erste durch den absichtlichen Crash seines Teamkollegen Nelson Piquet junior getrübt wurde, der eine Safety-Car-Phase zur Folge hatte, von der Alonso profitierte.

Als sein verbissenster Widersacher, Jean Todt, Ferrari verlassen hatte, war für Alonso endlich die Chance gekommen, beim Team in Maranello zu landen. Was anfangs als erfolgsträchtige Partnerschaft erschien, wurde jedoch durch den herben Verlust eines fast sicheren Titelgewinns anlässlich des letzten Rennens in Abu Dhabi auf die Probe gestellt. 2012 gab es wieder die Möglichkeit, den Titel zu holen, aber auch dieses Mal zeigten sich Vettel und Red Bull wieder überlegen.

Oben Das rituelle Foto aller Angehörigen des Renault-Teams und des Teammanagers Flavio Briatore nach dem Gewinn des zweiten Weltmeistertitels in Interlagos beim Großen Preis von Brasilien 2006.

Der Spanier am Steuer des Renault R25, mit dem er 2005 seinen ersten Weltmeistertitel holte und so die starke Konkurrenz, allen voran der Ferrari von Michael Schumacher, schlug.

Alonso deklassierte mit taktischer Brillanz regelmäßig erst Felipe Massa und daraufhin den zurückgekehrten Kimi Räikkönen, aber am Ende reichte es nie aus, um die Meisterschaft zu holen. Nach einigen Hochs und vielen Tiefs, wobei Letztere zum Teil auf den aufrichtigen, aber auch angriffslustigen Charakter des Spaniers zurückzuführen sind, wurde die Zusammenarbeit zwischen Ferrari und Fernando Alonso zum Jahresende 2014 beendet.

Überraschenderweise kehrte Alonso 2015 zu McLaren zurück und begrub das Kriegsbeil mit Ron Dennis, um die Rückkehr von Honda in die Formel 1 anzuführen. Ein Unfall bei den Wintertests ließ ihn jedoch den Saisonauftakt verpassen, der Auftakt zu einem katastrophalen Jahr. Sein bestes Ergebnis war ein fünfter Platz in Ungarn, und die mangelnde Wettbewerbsfähigkeit von McLaren beschränkte ihn in den beiden folgenden Saisons auf bloße Punkteränge. 2017 erlaubte das Team Alonso, am Indianapolis 500 teilzunehmen, wo er als »Rookie des Jahres« ausgezeichnet wurde, bevor er wegen eines Motorschadens ausschied.

Oben Der Spanier am Steuer des McLaren-Mercedes MP4/22, mit dem er vier Grands Prix bei der Formel-1-Weltmeisterschaft des Jahres 2007 gewann.

Rechts Ein ausdrucksstarkes Bild, vom Turm in Austin aus fotografiert, zeigt Alonso bei einem seiner letzten Rennen mit Ferrari: dem Großen Preis der USA 2014.

Nach dem Wechsel von Honda- zu Renault-Motoren blieb die Saison 2018 für McLaren enttäuschend. Im selben Jahr fuhr Alonso die Langstrecken-Weltmeisterschaft auf Toyota-Prototypen. Als vielseitiger Fahrer wie nur wenige andere konnte er an der Seite von Buemi und Nakajima die 24 Stunden von Le Mans gewinnen. Am Ende des Jahres zog sich Alonso aus der Formel 1 zurück, fuhr aber mit Toyota weiter und gewann 2019 mit demselben Team erneut Le Mans. Er versuchte sich auch erneut am Indianapolis 500, konnte sich aber 2019 nicht qualifizieren und landete 2020 weit hinten. Da er nie eine Herausforderung scheute, nahm er mit Toyota sogar an der Rallye Dakar teil.

Im Juli 2020 kündigte Renault die Rückkehr von Alonso in die Formel 1 an. Obwohl er zwei Jahre lang nicht auf den Grand-Prix-Strecken unterwegs war und kein konkurrenzfähiges Auto fuhr, war sein Comeback vielversprechend. Zahlreiche gute Platzierungen, darunter ein dritter Platz auf dem Podium in Katar, waren die Höhepunkte der Saison. Alpine-Renault erinnert sich gerne an seine hartnäckige Verteidigung gegen Hamilton in Ungarn, die seinem Teamkollegen Ocon den Weg zum Sieg ebnete. Das folgende Jahr brachte weitere respektable Platzierungen, doch es kam zu Spannungen mit Renault, weil ein mehrjähriges Vertragsangebot ausblieb. In der Mitte der Saison gab Aston Martin bekannt, dass Alonso zum Team stoßen würde, und er erzielte von Anfang an beeindruckende Ergebnisse. Sein vierter Platz in der Meisterschaft mit insgesamt acht Podiumsplätzen, davon drei zweite Plätze in Monaco, Kanada und den Niederlanden, im Jahr 2023 ist die Krönung des bisher letzten Kapitels von Alonsos glanzvoller Karriere.

Nach seiner Rückkehr in die Formel 1 wechselte Alonso nach zwei Jahren bei Alpine-Renault zu Aston Martin. Im Jahr 2023 lieferte er eine beeindruckende Serie von Ergebnissen und wurde dreimal Zweiter.

aramco
ASTON MARTIN
BOMBARDIER
JUNIPER
SentinelOne
Valvoline
BOSS
OAKLEY
BOSS
aramco
BOSS
NexGen
VELOCITY BLACK
FIA
aramco

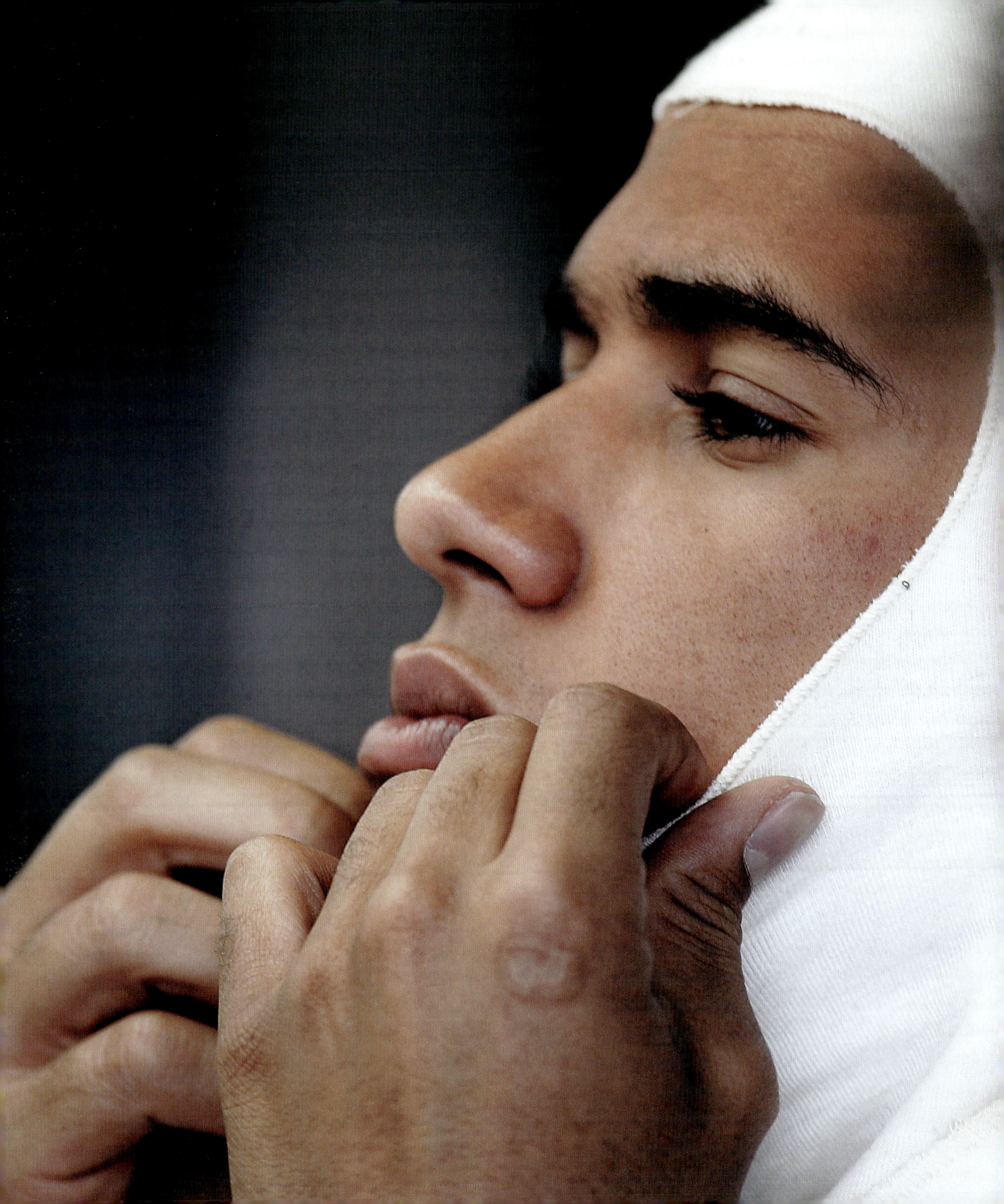

LEWIS HAMILTON

Der erste schwarze Formel-1-Weltmeister ist der Sohn von Anthony Hamilton, dessen Familie in den 1950er-Jahren von der Insel Grenada nach Großbritannien emigriert war. Anthony ließ sich von Carmen, der Mutter von Lewis Carl Davidson, scheiden, als der spätere Rennstar erst zwei Jahre alt war. Im Alter von sechs Jahren schenkte der Vater ihm zu Weihnachten das erste Kart, unter der Bedingung, dass er sich in der Schule brav verhielt. Lewis debütierte mit acht Jahren im Kartsport und zeigte von Anfang an großes Talent. Mit zehn Jahren erlangte er den ersten britischen Landesmeistertitel im Kartfahren und traf bei der Siegerehrung am Jahresende auf Ron Dennis, den Chef von McLaren. Was dann passierte, ist in die Formel-1-Geschichte eingegangen. Lewis bat Ron um ein Autogramm und seine Telefonnummer, stellte sich vor und erklärte ihm, dass er eines Tages Rennen für ihn fahren würde. Amüsiert gab Dennis das Autogramm, fügte seine Telefonnummer hinzu und sagte, Lewis solle ihn in neun Jahren anrufen.

Die darauffolgende Gewinnserie in allen Kategorien, in denen Lewis antrat, führte dazu, dass es schließlich Ron Dennis war, der bei Hamilton zu Hause anrief und anbot, die Kosten für Lewis' weitere Karriere zu übernehmen und ihm einen Vertrag zu geben. Man schrieb das Jahr 1998 und der Aufstieg des Jungen ging in einem fast unglaublichen Rhythmus weiter. Ende 2000 wurde Lewis Kart-Europameister und zum besten Kartfahrer der Welt gekürt. Da war er erst 15 Jahre alt. Ende 2001 debütierte er in der Formel Renault, und in der zweiten Saison im Jahr 2003 gewann er den Meistertitel in dieser Kategorie, mit großem Vorsprung vor den anderen Konkurrenten. Sein Aufstieg in die Formel 1 gelang durch die Meistertitelgewinne in der Euro-Serie der Formel 3 in der Saison 2005 und in der GP2-Serie in der Saison 2006. An diesem Punkt verkündete Ron Dennis, dass Lewis von McLaren in der Formel 1 übernommen würde, neben Fernando Alonso.

Sein Debüt war beeindruckend, mit dem dritten Platz hinter Räikkönen und Alonso in Melbourne. Der Spanier gewann in Malaysia und Monte Carlo, aber Lewis antwortete mit seinem ersten Sieg in Kanada, dem er nur eine Woche später in Indianapolis einen weiteren hinzufügte. Vielleicht hatte Alonso vor allem im ersten Jahr erwartet, dass der Neuling Hamilton ihm den Rücken stärken würde, aber die Dinge entwickelten sich in eine ganz andere Richtung. Die Rivalität zwischen den beiden explodierte und Fernando ging so weit, dem Team vorzuwerfen, es gäbe Hamilton den Vorzug. Die Bilanz waren vier Siege pro Kopf, aber am Ende holte Kimi Räikkönen beim letzten Rennen mit nur einem Punkt Vorsprung vor dem McLaren-Duo den Titel. Extrem verärgert handelte Alonso die Auflösung seines Vertrages mit dem Team aus Woking aus und kehrte zu Renault zurück.

2008 befand sich Lewis nun in der Position des ersten Fahrers von McLaren. Mit seinen 23 Jahren war er nun reifer und sich seines Talents stärker bewusst. So mancher Gegenspieler bezeichnete ihn als aggressiv bis hart an die Grenzen des Erlaubten, so wie man es einige Jahre zuvor Senna vorgeworfen hatte.

Hamilton ist zum ersten Mal 2008 Weltmeister auf einem McLaren-Mercedes geworden – und war vorher ein regelrechtes Wunderkind auf dem Kart.

LEWIS HAMILTON	STEVENAGE 7.1.1985
F-1-WELTMEISTER	2008, 2014, 2015, 2017, 2018, 2019, 2020

Der englische Champion hat Mercedes, auch dank der Begünstigung durch die Regeländerungen des Jahres 2014, zusammen mit seinem Teamkollegen Nico Rosberg wieder zum Ruhm der 1950er-Jahre verholfen.

Schließlich war Hamiltons gelber Helm eine Hommage an den Brasilianer. Mut und Entschlossenheit fehlten niemals im Repertoire von Lewis, der vielen gefiel, wegen seiner Art, sich wie ein wohlerzogener großer Junge zu geben. Sein Vater hatte in der Zwischenzeit den Job aufgegeben, um als Vollzeit-Manager für ihn arbeiten zu können – nach Ansicht vieler mit einer viel zu starken Präsenz. In der Meisterschaft 2008 befand er sich in einem Kopf-an-Kopf-Duell mit Felipe Massa im Ferrari, aber beim abschließenden Großen Preis von Brasilien hätte ihm ein fünfter Platz gereicht, um den Weltmeistertitel zu gewinnen. In einem Rennen, das durch starke Regengüsse gekennzeichnet war, gelang es ihm erst 300 Meter vor dem Ziel, den fünften Platz zu erreichen, mit Massa als Sieger des Rennens. Mit noch nicht ganz 24 Jahren hatte er somit Alonso den Titel des jüngsten Formel-1-Weltmeisters abgejagt.

McLaren hatte 2009 und 2010 zu kämpfen, aber dennoch glänzte Lewis mit fünf Siegen in zwei Saisons, darunter ein besonders gelungener Spitzenplatz in Spa im Jahr 2010, als er sowohl die Piste als auch die Gegner unter wechselhaften Wetterbedingungen dominierte. 2011 überholte ihn zum ersten Mal ein Teamkollege, nämlich Jenson Button, in den Medaillenrängen, trotz des Verhältnisses von drei zu zwei Siegen zu Lewis' Gunsten. Im folgenden Jahr holte er wieder auf und schien auch um den Titel kämpfen zu können, aber Pech und Unfälle warfen ihn auf den vierten Platz zurück, obwohl er weitere vier Siege auf der Habenseite zu verzeichnen hatte.

Oben Die Anfänge Hamiltons in der Formel 1: Der Pilot feiert den zweiten Platz beim Großen Preis von Malaysia 2007 – hinter seinem Teamkollegen Fernando Alonso.

Romain
RENAULT
EMAAR
burn
ZERO
PETRONAS
PETRONAS

Die Namensverbindung mit McLaren schien unauflöslich, aber zu viele Saisons ohne Titelgewinn beeinträchtigten das Verhältnis zu Ron Dennis. In Formel-1-Kreisen schwören einige sogar, dass es zwischen den beiden zu heftigen verbalen Auseinandersetzungen gekommen sei. Auf jeden Fall wurde Ende September 2012 offiziell bekannt gegeben, dass Hamilton zusammen mit Nico Rosberg zu Mercedes wechseln würde, wo er Michael Schumachers Platz einnehmen sollte. Im ersten Jahr, nämlich 2013, stand Mercedes noch nicht auf gleicher Höhe mit Red Bull oder auch Ferrari. Hamilton gewann dennoch in Ungarn und setzte sich in der Klassifikation vor Rosberg, der sich wiederum in Monte Carlo und Silverstone durchsetzen konnte. Fast wie ein Rapper, mit Bulldogge im Schlepptau, genoss Hamilton seinen Erfolg, inklusive Privatjet für Interkontinentalreisen.

Mercedes nutzte die Regeländerungen und entwickelte 2014 einen kaum zu besiegenden Rennwagen. Hamilton und Rosberg lieferten sich immer wieder erbitterte Wettkämpfe, aber am Ende konnte sich Hamilton dank seiner höheren Geschwindigkeiten beim Rennen durchsetzen. Elf Siege von Lewis gegen fünf Siege seines Teamkollegen erlaubten es dem Engländer letztendlich, den so sehr erwarteten zweiten Titelgewinn einzufahren. Dies war nur der Beginn einer Dominanz in Serie, der 2015 ein dritter Titel folgte, wiederum gegen Rosberg. Die Rivalität der beiden verschärfte sich 2016 und führte sogar zu Kollisionen, wie dem berüchtigten Zwischenfall beim Großen Preis von Spanien, bei dem beide ausschieden. Ein unerwarteter Motorschaden beim Großen Preis von Malaysia kostete Hamilton entscheidende Punkte, sodass Rosberg die Meisterschaft gewinnen konnte.

Links In seinem ersten Jahr bei Mercedes, 2013, konnte Lewis nur beim Großen Preis von Ungarn siegen. Auf dem Foto fährt er vor dem Lotus von Grosjean.

Oben Die beiden McLaren-Mercedes von Hamilton und Alonso stehen bereit für das Qualifying zum Grand Prix des Jahres 2007 in Sepang, Malaysia.

INEOS
SOLERA
TeamViewer
PETRONAS
Syntium
AMG
44
Einhell
PIRELLI
AKKODIS
SAP
IWC

Diese Leistung forderte jedoch einen solchen Tribut von Rosberg, dass er am Ende des Jahres zurücktrat, ohne seinen Titel zu verteidigen. Gemeinsam mit Bottas nutzte Hamilton die Dominanz von Mercedes aus, gewann vier Meisterschaften in Folge (2017–2020) und festigte damit eine der erfolgreichsten Partnerschaften der Rennsportgeschichte. Im Jahr 2021 bekam er mit Max Verstappen, dessen Red-Bull-Team deutlich zugelegt hatte, einen starken Rivalen. Ihr Kampf dauerte bis zum letzten Rennen, das auf kontroverse Weise in der letzten Runde entschieden wurde, als Verstappen aufgrund des vorzeitigen Abfahrens des Safety-Cars Hamilton überholen konnte, wodurch diesem der achte Titel verwehrt blieb. Ungeachtet der Aufregung belegte Hamilton den zweiten Platz in der Gesamtwertung. Sein vorheriger Sieg in Saudi-Arabien war sein 103., ein Rekord, der Bestand hatte, während Mercedes in den Jahren 2022 und 2023 ins Straucheln geriet. Hamilton verblüffte jedoch die Rennsportwelt, als er 2024 in Silverstone ganz oben aufs Treppchen fuhr. Ihn erwartete nun ein viel beachteter Wechsel zu Ferrari zu Beginn des Jahres 2025.

Links Der Mercedes von Hamilton während des Trainings in Monaco 2024. In derselben Saison, zweieinhalb Jahre nach seinem letzten Sieg in Saudi-Arabien, kehrte der britische Champion bei seinem Heim-Grand-Prix in Silverstone auf die oberste Stufe des Podiums zurück.

Oben Hamilton hält die Siegertrophäe beim ersten Großen Preis von Saudi-Arabien. Es ist das Jahr 2021, seine letzte siegreiche Saison mit Mercedes, bevor er die Meisterschaft in einem kontroversen Finale in Abu Dhabi verlor.

SEBASTIAN VETTEL

Wie so viele Rennfahrer der jüngeren Generation hat auch Sebastian Vettel seine Karriere auf einem Kart begonnen. Erst auf dem elterlichen Grundstück in Heppenheim und dann im Alter von sieben Jahren mit der Teilnahme an Rennen. Schon als Kind war Vettel ein großer Fan von Michael Schumacher, den er bei der Siegerehrung eines der ersten Rennen, das er selbst gewonnen hatte, kennenlernen durfte. Sein Können brachte den erst elfjährigen Sebastian ins Visier von Red Bull und dies half ihm dabei, die sonst unvermeidlichen finanziellen Schwierigkeiten, die seine weitere Teilnahme an Rennen mit sich gebracht hätte, zu überwinden. Und so sammelte er wichtige Trophäen ein, darunter auch in Monte Carlo und Paris.

Noch bevor er auf den Monopostos debütierte, zeigte Sebastian schon eine bemerkenswerte Befähigung darin, die Mechanik der Wagen, die entsprechenden Justierungen und die Renntaktiken zu verstehen. 2004, mit nur 17 Jahren, dominierte er die Formel-BMW-Meisterschaft, indem er 18 der 20 auf dem Programm stehenden Rennen gewann. Im Jahr darauf nahm er an der Europameisterschaft der Formel 3 teil und landete in der Endwertung auf dem fünften Platz. Im September probierte er in Jerez zum ersten Mal in seinem Leben die Formel 1 aus, mit einem Williams-BMW. 2006 war das Schlüsseljahr in der Entwicklung seiner Karriere. Er nahm nicht nur an der Kontinentalen Meisterschaft der Formel 3 teil, sondern wurde auch dritter Rennfahrer des BMW-Sauber-Teams, das seinerzeit noch der Münchner Automarke gehörte. Er nutzte den Eintritt in das Formel-1-Team, um in die Schweiz zu ziehen. Schließlich wurde er am Ende der Saison Zweiter in der europäischen Serie der Formel 3, hinter seinem Teamkollegen Paul di Resta.

Im Jahr darauf fokussierte sich sein Rennprogramm auf die Teilnahme an der World Series von Renault und er blieb auch als dritter Rennfahrer bei BMW-Sauber. Nachdem Robert Kubica sich in Montreal beim Großen Preis von Kanada bei einem schweren Unfall verletzte, fand Vettels Debüt in der Formel 1 anlässlich des Großen Preises der USA im Jahr 2007 statt, wo er sich mit der siebtschnellsten Zeit qualifizierte und am Ende des Rennens den achten Platz erreichte. Im Umfeld von BMW-Sauber waren einige der Meinung, dass Sebastian damals noch nicht so schnell wie Nick Heidfeld und Kubica war. Und so kam es, dass der junge Mann aus Heppenheim freigegeben wurde, als Toro Rosso bei ihm anklopfte, um den Amerikaner Scott Speed zu ersetzen. Seit Ungarn war Vettel in Vollzeit Formel-1-Pilot und verließ deshalb die World Series von Renault mitten in der Saison. Er freundete sich mit dem Toro-Rosso-Team an und tat sich beim Regenrennen in Suzuka besonders hervor. Bei jenem Großen Preis von Japan war er Dritter während der Safety-Car-Phase, direkt hinter Mark Webber auf Red Bull. Unglücklicherweise wurde Sebastian durch ein unvorhersehbares Manöver von Hamilton abgelenkt, sodass er mit dem Australier kollidierte. Zu seinem Glück konnte er dies nur zwei Wochen später mit einem schönen vierten Platz in China wieder wettmachen.

Bei Toro Rosso fühlte sich Vettel zu Hause. Nach einem zögerlichen Saisonstart, der durch Aus- und Unfälle gekennzeichnet war, stellte er Sébastien Bourdais in den Schatten, der aus

Nachdem er vier Weltmeistertitel mit Red Bull holen konnte, nahm Sebastian Vettel die Herausforderung an, Ferrari wieder nach oben zu bringen.

SEBASTIAN VETTEL	HEPPENHEIM 3.7.1987
BESTRITTENE GP	299
F-1-SIEGE	53
POLEPOSITIONS	57
F-1-WELTMEISTER	2010, 2011, 2012, 2013

SCUDERIA
FERRARI
OAKLEY

bmw-sauber-f1.com
PETRONAS
Pull
Pull

einer langen Siegesserie bei der amerikanischen Champ-Car-Meisterschaft gekommen war. Nach seinem fünften Platz in Monte Carlo entwickelte sich Vettel sehr schnell weiter und lernte, wie er das Maximum aus dem Wagen herausholen und die Renntaktiken am besten umsetzen konnte. Der Große Preis von Italien in Monza wurde auf nasser Strecke ausgetragen und zur allgemeinen Überraschung platzierte Vettel seinen Toro Rosso auf der Poleposition. Er meisterte die schwierigen Bedingungen des Rennens einwandfrei und erlangte so einen überwältigenden und absolut verdienten Erfolg. An jenem Wochenende wurde er mit seinen nur 21 Jahren zum jüngsten Rennfahrer, der jemals von der Poleposition aus einen Großen Preis gewonnen hatte.

Der Wechsel vom Juniorenrennstall hin zu Red Bull im Jahr 2009 erfolgte fast automatisch, als er gerufen wurde, um den gerade erst zurückgetretenen David Coulthard zu ersetzen. Dank der besseren Auslegung der Regeln konnte das Brawn-GP-Team seinen Fahrern ein überlegenes Fahrzeug liefern und Button gewann die Meisterschaft, aber Sebastian platzierte sich direkt hinter ihm, mit vier Siegen in China, Japan, Großbritannien und Abu Dhabi.

2010 entstand plötzlich eine starke Rivalität mit seinem Teamkollegen Webber. Red Bull verfügte über den wettbewerbsfähigsten Monoposto, aber viele Ausfälle und Alonsos regelmäßig gute Leistungen machten den Ferrari-Piloten zu einem ernstzunehmenden Gegner im Kampf um den Titel. In der Türkei kollidierte Vettel mit Webber bei einem Überholvorgang, der ihn in Führung bringen sollte, sodass er das Rennen vorzeitig beenden musste. Beim letzten Rennen in Abu Dhabi hätte er zwar noch die Möglichkeit zum Siegen gehabt, aber sie schien außer Reichweite. Der Favorit Webber machte den Fehler, zu früh in die Boxen einzufahren, und blieb, wie Alonso, im Gedränge stecken. Mit einem unbestreitbaren Sieg wurde Sebastian nun im Alter von

Links Vettel im Cockpit seines BMW-Sauber in Indianapolis im Jahr 2007. Schon in Ungarn sollte er zu Toro Rosso wechseln.

Oben Eine der historischen Aufnahmen des Debüts von Vettel in der Formel 1 in Indianapolis im Jahr 2007. Er wurde engagiert, um als dritter Fahrer bei BMW-Sauber Robert Kubica zu ersetzen.

Auf dem Weg zum dritten Weltmeistertitel folgt Sebastian 2012 dem Auf und Ab der Strecke in Austin beim Großen Preis der USA.

23 Jahren und 133 Tagen Weltmeister, auch in diesem Fall der jüngste aller Zeiten, und hatte somit Alonsos Rekord gebrochen. Der zweite Weltmeistertitel wirkte schon fast wie eine Formalität, aber im darauffolgenden Jahr musste er sich mehr anstrengen und errang den dritten Titel erst beim letzten Großen Preis von Brasilien.

Nach einem Zusammenstoß mit dem Williams von Bruno Senna mit seinem Williams konnte Vettel dennoch mit seinem schwer beschädigten Wagen bis auf den sechsten Platz aufholen und wurde somit nochmals Weltmeister. 2013 besiegelte der vierte Titel wieder ein siegreiches Jahr. 2014 hingegen hatte Sebastian sehr unter dem geänderten Regelwerk zu leiden und wurde letztendlich zum ersten Mal von seinem Teamkollegen in Schwierigkeiten gebracht. Vielleicht waren die drei Siege Daniel Ricciardos dafür verantwortlich, dass Vettel ab 2015 zu Ferrari wechselte, um es seinem Idol Michael Schumacher gleichzutun.

Zum Pech für Vettel dominierte Mercedes weiterhin die Formel 1. Dennoch gewann Vettel in seinem ersten Jahr bei Ferrari drei Grand-Prix-Rennen und wurde hinter Hamilton und Rosberg Dritter in der Meisterschaft. Die folgende Saison war schwieriger. Im Jahr 2016 musste sich Vettel mit sieben Podiumsplätzen begnügen, während er gegen die Dominanz von Mercedes ankämpfte. 2017 war Ferrari weitaus konkurrenzfähiger, und Vettel gewann fünf Rennen und wurde Zweiter in der Meisterschaft. Das gleiche Muster wiederholte sich 2018, als Hamilton Weltmeister wurde und Vettel mit fünf Siegen erneut den zweiten Platz belegte. Die Ankunft von Charles Leclerc bei Ferrari machte Vettel das Leben in

Oben Vettel dankt auf seine Weise Red Bull, die ihm 2013 zu seinem vierten Weltmeistertitel verhalfen, auf der Zieleinfahrt der Rennstrecke in Noida, Indien.

cognizant
ASTON MARTIN
workday
WILLIAMS
aramco
crypto.com
cognizant
JCB
BOMBARDIER
PERONI
SentinelOne
5
P ZERO
PIRELLI

einem Team schwerer, in dem der Druck auf die Fahrer außergewöhnlich hoch ist.

Das neue Ferrari-Duo belegte die Plätze vier und fünf in der Gesamtwertung, wobei Leclerc dank zweier Siege gegenüber Vettels einem Sieg die Nase vorn hatte. Sebastians Ferrari-Kapitel endete nach 2020, einem Jahr, in dem sich die Autos aus Maranello kaum konkurrenzfähig zeigten. Leclerc wurde Achter in der Meisterschaft, während Vettel auf den 13. Platz zurückfiel. Der Wechsel zu Aston Martin an der Seite von Lance Stroll trug nicht viel zu Vettels Bilanz bei, abgesehen von einem zweiten Platz in Baku im Jahr 2021. 2022 gab der vierfache Weltmeister seinen Rücktritt bekannt. Vettel ist ein Fan der Beatles und schaut auch gerne britische Fernsehserien. Als Rennsportenthusiast fuhr er Mansells Williams von 1992 und Sennas McLaren von 1993 bei Veranstaltungen in Silverstone und Imola. Seit 2019 ist er mit seiner langjährigen Lebensgefährtin Hanna, die er seit seiner Kindheit kennt, verheiratet. Das Paar hat drei Kinder.

Links Der deutsche Meister bereitet sich auf einen Boxenstopp beim Großen Preis der Emilia Romagna 2022 vor. Noch vor Ende der Saison kündigte er seinen Rücktritt an, nachdem er vier Weltmeisterschaften gewonnen hatte.

Oben Vettel am Steuer des Aston Martin im Jahr 2021, als er beim Großen Preis von Aserbaidschan den zweiten Platz belegte, sein bestes Ergebnis in zwei Saisons mit dem britischen Team.

CHARLES LECLERC

Charles Leclerc ist ein umgänglicher Typ, genau jene Sorte, die ihre Mütter mit Stolz erfüllt. Madame Pascale hat sicherlich Grund dazu. Von ihren drei Söhnen traten zwei – Charles und der jüngste, Arthur – in die Fußstapfen ihres monegassischen Vaters Hervé, der in den 1980er-Jahren ein erfolgreicher Formel-3-Fahrer war.

Das vom Großvater gegründete Familienunternehmen, das in der Automobilbranche tätig ist, ermöglichte dem jungen Leclerc bereits im Alter von sieben Jahren den erfolgreichen Einstieg in den Kartsport. Zwischen 2005 und 2008 wurde Charles in drei von vier Jahren Regionalmeister. Im Jahr 2009 holte er bereits den französischen Meistertitel in der Kadettenklasse und war damit der jüngste Fahrer, der diesen Titel je erringen konnte. Nach dem Wechsel in die höheren Kartkategorien war Leclercs Aufstieg unaufhaltsam. Er gewann die KF3-Juniorenklasse in Monaco und wurde Ende 2010 Vizemeister in der französischen Serie. Im darauffolgenden Jahr holte er sich den KF3-Weltmeistertitel. Die Trophäenvitrine füllte sich rasch: 2012 wurde er jüngster Europameister in der KF2-Klasse unter 18 Jahren, und 2013 wurde er Zweiter im KF1-Weltcup hinter niemand Geringerem als Max Verstappen.

Ein Wechsel in den Formelrennsport war der nächste logische Schritt. Im Jahr 2014 debütierte der junge Charles in der Formel Renault, wo er in der französisch-italienischen Meisterschaft zwei Siege und neun Podiumsplätze errang. Nach einem vierten Platz in der Formel-3-Europameisterschaft sorgte Leclerc für Aufsehen, indem er in zwei der wichtigsten Sprungbrett-Serien für angehende Formel-1-Fahrer dominierte. Als Rekrut der Ferrari Driver Academy gewann er 2016 die GP3-Meisterschaft und ließ 2017 den Formel-2-Titel folgen.

Getrübt wurde der kometenhafte Aufstieg durch den Tod von Jules Bianchi, der nach neun Monaten im Koma an den Folgen eines tragischen Unfalls in seinem Marussia während des Großen Preises von Japan 2014 starb. Bianchi war den Leclercs eng verbunden, insbesondere Lorenzo, dem älteren Bruder von Charles. Viele Fotos zeigen den französischen Fahrer mit Charles, seinem Patenkind, auf verschiedenen Rennstrecken. Schlimmer noch: 2017, nur wenige Tage vor einem Formel-2-Rennen in Aserbaidschan, verlor Charles seinen Vater Hervé nach langer Krankheit. Er verstarb im Alter von nur 54 Jahren im Wissen, dass sein Sohn für die Formel 1 bestimmt war, auch wenn der Sauber-Vertrag erst einen Monat später unterzeichnet wurde.

Der junge Charles Leclerc hatte eine glänzende Kart- und Junior-Formel-Karriere hinter sich und kam 2019 zu Ferrari.

CHARLES LECLERC *MONTE CARLO 16.10.1997*

Santander
VELAS
16

Wer Charles gut kennt, beschreibt ihn als freundlich, höflich und einfühlsam. Er fand schnell Gefallen am Schweizer F1-Team, das damals von Frédéric Vasseur geleitet wurde, der zuvor Leclercs GP3-Erfolg mit ART betreut hatte. In seiner ersten F1-Saison bei Sauber passte sich Leclerc schnell an die große Liga an und fuhr bereits beim vierten Rennen im aserbaidschanischen Baku in die Punkte. Dies gelang ihm in zehn Rennen, wobei er im Qualifying oft einen der ersten fünf Plätze erreichte. Diese Serie von Ergebnissen und seine Gelassenheit am Steuer brachten ihm den Titel »Rookie of the Year« und, was noch wichtiger war, 2019 einen Vertrag mit Ferrari an der Seite von Sebastian Vettel ein. Für Ferrari zu fahren war eine große Herausforderung, vor allem an der Seite eines Teamkollegen wie Vettel, einem erfahrenen Champion mit fünf Rennsiegen im Jahr zuvor.

Links Ein eindrucksvoller Blick von oben auf Leclercs Ferrari in der Box von Spa-Francorchamps während der Saison 2023, seiner fünften mit dem Team aus Maranello.

Oben Ein intensiver Fight zwischen Charles Leclerc und Lewis Hamilton während des Großen Preises von Österreich 2023. Der Monegasse sicherte sich am Ende Platz zwei.

Dank der konkurrenzfähigen Autos von Ferrari konnte Leclerc jedoch glänzen, selbst in einer Saison, die weitgehend von Mercedes dominiert wurde. Bei seinem zweiten Rennen in Bahrain holte er seine erste Poleposition und wurde Dritter, nachdem er das Feld lange angeführt hatte. In Österreich belegte er nach einem hitzigen Kampf mit Verstappen, bei dem es auch zu einer umstrittenen Berührung kam, den zweiten Platz.

Das Tempo des Ferrari SF90 ermöglichte es Leclerc, sich am Vorabend des Großen Preises von Belgien in Spa-Francorchamps die Poleposition zu sichern. Leclerc nutzte seinen Vorsprung meisterhaft und errang den ersten Sieg seiner Karriere. Er ließ einen weiteren in Monza folgen und wurde auf Ferraris legendärem Heimatkurs sofort zum Helden. Weitere Polepositions gab es in Singapur und im russischen Sotschi, wo er allerdings nur als Zweiter bzw. Dritter aufs Treppchen kam. Leclerc beendete die Saison 2019 als Vierter in der Gesamtwertung.

Oben Leclercs charakteristischer rot-weißer Helm ist hinter dem Cockpitschutz seines Ferrari kaum zu erkennen.

Im Jahr 2023 raste die Formel 1 unter gleißendem Licht durch die Straßen von Las Vegas.
Hier pilotiert Leclerc seinen Ferrari durch eine der engen Kurven der Strecke.

Den wohl bedeutendsten Sieg errang Leclerc 2024 bei seinem Heim-GP in Monte Carlo, den er seinem verstorbenen Vater Hervé widmete.

In der heutigen Formel 1 ist der Erfolg eines Fahrers eng mit der Leistung des Teams verbunden. Leider war das Jahr 2020 sowohl für Ferrari als auch für Leclerc – und ebenso für Vettel – unglaublich schwierig, weil der Motor aufgrund von angeblichen Regelverstößen im Vorjahr strenge Auflagen erfüllen musste.

Im von der COVID-19-Pandemie geprägten Rennkalender war Leclercs bestes Ergebnis ein zweiter Platz, und er beendete die Saison als Achter in der Gesamtwertung. Die Probleme setzten sich 2021 fort. Immerhin holte Charles in einem Team mit dem Neuling Carlos Sainz jr. bei seinem Heimrennen in Monte Carlo und erneut in Baku die Pole. Ein zweiter Platz in Silverstone blieb der einzige Podestplatz in dieser Saison.

Ein neues Reglement verbesserte die Chancen von Ferrari. Mit einem konkurrenzfähigen Auto holte Leclerc 2022 neun Polepositions in 22 Rennen und gewann in Bahrain, Australien und Österreich. Er beendete das Jahr als Zweiter in der WM-Wertung hinter Verstappen.

Auf dem Podium in Imola im Jahr 2024 feiert Leclerc seinen dritten Platz. Ab 2025 bildet er ein Fahrerduo mit Lewis Hamilton.

Red Bull dominierte das Jahr 2023; von 23 Grand-Prix-Rennen konnte die Konkurrenz nur ein einziges gewinnen – ein Sieg von Carlos Sainz jr. für Ferrari. Leclerc erlebte ein schwieriges Jahr, obwohl er fünf Polepositions und drei zweite Plätze errang. Auch 2024 hatte Ferrari zu kämpfen, aber Leclerc gewann den Großen Preis von Monaco, sein Heimrennen, mit einem Start-Ziel-Sieg. Dieser Erfolg war für Charles ein sehr emotionales Erlebnis, denn in den letzten Runden der Triumphfahrt wurde er von Erinnerungen an seinen Vater Hervé überwältigt. Mit seinem geschmeidigen und präzisen Fahrstil beschwört Leclerc immer wieder Vergleiche mit Alain Prost herauf.

MAX VERSTAPPEN

In der Geschichte des Rennsports konnten die Söhne legendärer Eltern diesen nur selten das Wasser reichen. Zu den bemerkenswerten Ausnahmen gehören Alberto Ascari und Hans-Joachim Stuck, obwohl Letzterer seine größten Siege in Prototypen und nicht in Formel-1-Autos errang. Max Emilian Verstappen hingegen ist gewissermaßen doppelt vorbelastet: der Vater, Jos Verstappen, ein Kart-Star mit internationaler Anerkennung und Formel-1-Fahrer; die Mutter, Sophie Kumpen, ebenfalls Kart- und Rennfahrerin. In den späten 1980er-Jahren fuhr Sophie an der Seite von zukünftigen Champions wie Jenson Button und überholte regelmäßig Christian Horner, der später F1-Teamchef von Red Bull werden sollte.

Jos Verstappen gilt als solider Profi hinter dem Lenkrad. Als Teamkollege von Michael Schumacher bei Benetton im Jahr 1994 erreichte er mit dritten Plätzen in Ungarn und Belgien zwei Podiumsplätze. Vielleicht noch berühmter (oder berüchtigter) ist der feurige Boxenstopp während des Großen Preises von Deutschland in Hockenheim, der glücklicherweise mehr Panik als Schaden verursachte. Das Meisterstück von Jos ist zweifellos sein Sohn Max, den er mit fast militärischer Disziplin erzog. Der Junior begann im Alter von vier Jahren mit dem Kartsport und verbrachte seine Zeit nicht nur auf der Strecke, sondern auch mit den illustren Freunden seines Vaters, darunter kein Geringerer als Michael Schumacher. Die Erfolge ließen nicht lange auf sich warten: 2005 gewann Max die belgische Mini-Juniorenmeisterschaft – alle 21 Rennen. Dies war der Beginn eines kometenhaften Aufstiegs, bei dem er einen Sieg nach dem anderen einfuhr, der schließlich in einem Weltmeistertitel in der KF1-Kategorie gipfelte, bei dem er Charles Leclerc schlug.

Der Einstieg in den Autorennsport gelang Verstappen auf ebenso fulminante Weise. Mit gerade 16 Jahren gewann Max zwei Rennen in der Florida Winter Series 2014. Er wechselte in die Formel 3 und nahm im selben Jahr an der Europameisterschaft teil – wie immer rasend schnell und konzentriert. Nach fünf Rennen stand er auf dem Podest ganz oben und begann eine Serie von sechs Siegen in Folge. Am Ende der Saison hatte er zehn Siege auf dem Konto, wurde Dritter in der Meisterschaft und triumphierte auch beim Formel-3-Masters in Zandvoort, einer einmaligen Veranstaltung, die einer Weltmeisterschaft gleichkam.

Im Zuge seiner steilen Karriere wurden Toto Wolff und Mercedes auf Max aufmerksam, doch im August 2014 entschied er sich, dem Red Bull Junior Team beizutreten.

Leicht gesagt, leicht getan. Im Jahr 2015 fuhr er für Toro Rosso und war damit der jüngste Formel-1-Fahrer aller Zeiten. Mit 17 Jahren und 166 Tagen debütierte Max in Melbourne. An der Seite von Carlos Sainz jr. enttäuschte er nicht und zeigte sich dem hohen Druck der Formel 1 gewachsen. In seinem zweiten Rennen, dem Großen Preis von Malaysia, belegte Max einen beeindruckenden siebten Platz und war damit der jüngste Fahrer, der in einem Grand Prix in die Punkte fuhr. Sein vierter

Auf dem Weg zu seiner zweiten Weltmeisterschaft holt sich Verstappen beim Großen Preis von Belgien 2022 den Siegerpokal.

MAX VERSTAPPEN	HASSELT 30.9.1997
F-1-WELTMEISTER	2021, 2022, 2023, 2024

150
YEARS
citrix
RAUCH
inter.mx

ERSTAPPEN
Red Bull
WATER
ASTON
IBM

Platz in Ungarn krönte eine Reihe herausragender Leistungen, die ihm 49 Punkte und den zwölften Platz in der Meisterschaft und den Ruf eines einmaligen Talents einbrachten.

Verstappens Aufstieg ging weiter: Als Daniil Kwjat nach nur vier Rennen 2016 von Red Bull zu Toro Rosso degradiert wurde, empfing das Hauptteam den jungen niederländischen Champion mit offenen Armen. Er lieferte umgehend Erfolge.

Bei seinem Debüt für Red Bull beim Großen Preis von Spanien errang er einen überwältigenden Sieg und wurde mit 18 Jahren und sieben Monaten der jüngste Grand-Prix-Sieger aller Zeiten. In einem konkurrenzfähigen Auto entwickelte sich Max zu einem furchtlosen und unerbittlichen Rennfahrer, der Vergleiche mit Ayrton Senna heraufbeschwor, insbesondere wegen seiner außergewöhnlichen Fahrzeugbeherrschung, die er bei einem Regenrennen in Interlagos unter Beweis stellte. Als Sechzehnter gestartet, kletterte er in den letzten 15 Runden auf den dritten Platz, fuhr die schnellste Runde und erntete sogar den Respekt von Toto Wolff von Mercedes.

Das Jahr 2017, sein zweites bei Red Bull, begann mit einer Reihe von Ausfällen. Teamkollege Daniel Ricciardo gewann in Baku, aber Max hatte später in der Saison mit Siegen in Malaysia und Mexiko die Nase vorn. Das Jahr 2018 war nach wie vor

Links Der Red Bull des niederländischen Fahrers während eines Boxenstopps beim Großen Preis von Malaysia 2017.

Oben Max Verstappen debütierte in der Formel 1 als Minderjähriger und fuhr 2015 für Toro Rosso. Nach seinem fünften Rennen im Jahr darauf wurde er zu Red Bull befördert und gewann bei seinem Debüt für das britische Team in Spanien.

Das obligatorische Teamfoto nach dem Gewinn seiner zweiten Weltmeisterschaft in Suzuka 2022.

bestimmt durch die Dominanz des Mercedes-Teams. Doch als Hauptkonkurrent des Duos Hamilton-Bottas erwies sich, neben Ferrari, auch Red Bulll. Nachdem Ricciardo in Shanghai und Monaco gewonnen hatte, holte Max Siege in Österreich und Mexiko und beendete die Saison als Vierter in der WM-Wertung. Während der anhaltenden Dominanz von Mercedes in den Jahren 2019 und 2020 etablierte sich Max als der Beste im Verfolgerfeld und gewann drei bzw. zwei Grands Prix.

2021, mit einem erneuerten Vertrag Verstappens und einem konkurrenzfähigeren Auto, forderte Red Bull schließlich Mercedes frontal heraus. Es war ein harter Kampf mit Lewis Hamilton über die gesamte Saison hinweg, der in einem spannenden Finale in Abu Dhabi gipfelte. Vor dem Rennen hatte Max neun Siege auf dem Konto, Hamilton acht. Das Rennen schien für Hamilton entschieden zu sein, bis eine späte Safety-Car-Phase Verstappen die Möglichkeit gab, auf frische Reifen zu wechseln. Die unübliche Entscheidung von Rennleiter Michael Masi, fünf Fahrzeuge »zurückzurunden« (also das Safety-Car überholen zu lassen), führte zu einem Shootout über eine Runde. Auf frischen Soft-Reifen überholte Verstappen in der letzten Runde Hamiltons Mercedes und holte sich – nicht unumstritten – seine erste Weltmeisterschaft. Die Regeländerungen in der Formel 1

In einer Saison 2023 mit vielen Siegen – 19 von 22 Grands Prix – feiert Verstappen seinen Sieg in Japan.

für 2022 verschafften Red Bull einen erheblichen technischen Vorteil und festigten die Dominanz des Rennstalls.

Besser hätte es für Verstappen kaum laufen können, denn er kombinierte sein unbestreitbares Talent auf Meisterschaftsniveau mit einem nahezu unschlagbaren Auto. Die Ergebnisse sprechen für sich: Mit dem Gewinn von 15 der 22 Rennen im Jahr 2022 und rekordverdächtigen 19 Rennen im Jahr 2023 wurden zwei weitere Weltmeisterschaften errungen.

Der angestrebte vierte Titel im Jahr 2024 erwies sich allerdings als echte Herausforderung. Red Bull hatte nach einem dominanten Start in der Mitte der Saison zu kämpfen. Ein sensationeller Sieg auf nasser Piste in Brasilien, wo er als Siebzehnter an den Start gegangen war, ermöglichte es Max jedoch, die Meisterschaft mit einem soliden Finish in Las Vegas zu besiegeln, wobei er seinen Rivalen Lando Norris im drittletzten Rennen der Saison überholte.

Oben Verstappen durchfährt während des Grand Prix 2023 die unverwechselbare Haarnadelkombination Mirabeau Bas und Portier in Monaco.

Rechts Beim entscheidenden Start eines Grand Prix kämpft Verstappen gegen den Ferrari von Sainz. Mit dem RB19 von 2023 dominierte Max die Saison und holte seine dritte Weltmeisterschaft.

Folgende Doppelseite Eine Nahaufnahme des dreimaligen Weltmeisters beim Training in as-Sachir, Bahrain, kurz vor Beginn der Saison 2024. Die Partnerschaft zwischen Verstappen und Red Bull wird als eine der erfolgreichsten in die Geschichte der Formel 1 eingehen.

Mobil
BYBIT
RAUCH

ROKT
ORACLE
SIEMENS

Der Autor

ROBERTO GURIAN begann seine Karriere in den 1980er-Jahren als Autor für Automobilzeitschriften, bevor er Freiberufler wurde. Derzeit arbeitet er für *La Repubblica, Auto* und *AM*, wobei sein Schwerpunkt auf Autotests liegt. Seit Jahren ist er Kommentator für RSI LA 1, den italienischsprachigen Schweizer Fernsehsender, und berichtet über die Formel 1. Als Amateur-Radsportler legt er jährlich fast 9000 Kilometer zurück und lebt so seine lebenslange Leidenschaft für die Bike-Szene. Als begeisterter Sportler verfolgt er verschiedene Sportarten, von Eishockey bis Skifahren. Im Jahr 2015 veröffentlichte er *Fahrräder – Klassiker, Trends, Visionen.*

Fotonachweis

Allsport UK/Allsport/Getty Images: 120–121
Samuel Aranda/Getty Images: 161
Cristiano Barni/Shutterstock: 176–177, 180–181, 181, 197, 205, 206, 208–209, 209, 210–211, 215, 217
Lars Baron/Bongarts/Getty Images: 193, 201
Barratts/S&G and Barratts/EMPICS Sport/Press Association/IPA: 74
Simon Bruty/Allsport/Getty Images: 138
Giuseppe Capace/AFP/Getty Images: 194
Robert Cianflone/Getty Images: 190
Colorsport/Colorsport/Corbis: 86
AlessioDeMarco/Shutterstock: 204–205, 220
Bob D'Olivo/The Enthusiast Network/Getty Images: 51
Terry Disney/Central Press/Getty Images: 26
Tony Duffy/Getty Images: 97
Silvio Durante/LaPresse Archivio Storico/LaPresse: 28, 37, 43
Fox Photos/Getty Images: 38
Getty Images: 203
Grand Prix Photo/Getty Images: 47
Bertrand Guay/AFP/Getty Images: 186
Handout/Getty Images: 182
Jay Hirano Photography/Shutterstock: 188–189, 196–197, 212, 218, 219, 220–221, 222–223
Bob Harmeyer/Archive Photos/Getty Images: 109, 126
Heritage Images/Getty Images: 18–19
Hulton Archive/Getty Images: 30–31
Jasper Juinen/Getty Images: 172–173
Keystone Features/Getty Images: 52
FiledIMAGE/Shutterstock: 210
Keystone-France/Gamma-Keystone/Getty Images: 14–15, 88
Klemantaski Collection/Getty Images: 2–3, 14, 31, 44
Michael King/Getty Images: 137
INP/Picture Alliance/IPA: 20
Imagno/Getty Images: 10–11, 16, 23
Hafiz Johari/Shutterstock: 216–217
LaPresse Archivio Storico/LaPresse: 41
Mauricio Lima/AFP/Getty Images: 184
Boris Lipnitzki/Roger-Viollet/Alinari: 12
David Lees/Picture Post/Hulton Archive/Getty Images: 34–35
Jean-Marc Loubat/Gamma-Rapho/Getty Images: 150
Clive Mason/Getty Images: 199
National Motor Museum/Heritage Images/Getty Images: 13, 41
Alexander Nemenov/AFP/Getty Images: 192–193
PA Archive/Press Association Images/IPA: 32
Popperfoto/Getty Images: 77
Michael Potts F1/Shutterstock: 213
RacingOne/Getty Images: 24
Abdul Razak Latif/Shutterstock: 179
Reporters Associes/Gamma-Rapho/Getty Images: 87
Rolls Press/Popperfoto/Getty Images: 71
Pascal Pavani/AFP/Getty Images: 166
Mike Powell/Getty Images: 142
Logan Riely/Getty Images: 174
Pascal Rondeau/Getty Images: 141, 146–147, 147, 154, 158, 159, 169
Clive Rose/Getty Images: 184–185
Vladimir Rys/Bongarts/Getty Images: 200
SSPL/Getty Images: 40
Rainer W. Schlegelmilch/Getty Images: 8–9, 54–55, 58–59, 60, 62–63, 64, 65, 66, 68–69, 72–73, 76, 78–79, 80–81, 82, 84, 85, 90, 98–99, 102, 108, 112–113, 114, 115, 116, 118, 119, 121, 124, 125, 128, 129, 132, 140, 144, 144–145, 151, 152, 152–153, 156–157, 162, 162–163, 164–165, 168–169, 170, 171, 173, 202–203
Ronald Startup/Getty Images: 30
The Cahier Archive/Corbis: 148–149
George Tiedemann/Corbis: 100, 103
Bob Thomas/Getty Images: 133
Mark Thompson/Allsport/Getty Images: 165, 186–187, 195
Tony Triolo/Sports Illustrated/Getty Images: 106
Universal/TempSport/Corbis: 23
Ted West/Getty Images: 50
J. Wilds/Stringer/Getty Images: 22
Witschel/Picture Alliance/IPA: 93
www.sutton-images.com: 48, 56, 70, 72, 91, 94, 96, 98, 104, 110, 122, 130, 134, 136
Zryzner/Shutterstock: 178–179

Titelbild: Shutterstock
Umschlagrückseite: NesaCera/Shutterstock

REDAKTION
VALERIA MANFERTO DE FABIANIS

PROJEKTKOORDINATION
LAURA ACCOMAZZO

LAYOUT
MARIA CUCCHI

Piazzale Luigi Cadorna, 6
20123 Mailand, Italien - www.whitestar.it

Aus dem Englischen von Jacqueline Rizzo-Engler / Ade Team Übersetzungen; Dietmar Schmitz
Lektorat: Alexander Failing; Dietmar Schmitz

Überarbeitete Auflage

ISBN 978-88-6312-752-2
1 2 3 4 5 6   29 28 27 26 25

Gedruckt in China